室内设计·装饰专业高职高专教学丛书

AutoCAD装饰绘图实用教程

华孟楠　编写

中国建筑工业出版社

图书在版编目（CIP）数据

AutoCAD装饰绘图实用教程/华孟楠编写. —北京：中国建筑工业出版社，2012.4
（室内设计·装饰专业高职高专教学丛书）
ISBN 978-7-112-13990-3

Ⅰ.① A… Ⅱ.①华… Ⅲ.①建筑装饰－建筑制图－计算机辅助设计－应用软件，AutoCAD－高等职业教育－教材 Ⅳ.① TU238-39

·中国版本图书馆CIP数据核字（2012）第012632号

本书为"室内设计·装饰专业高职高专教学丛书"之一。AutoCAD 为一款十分流行的绘图软件，在室内设计和装饰专业中，该软件也使用广泛、使用频率很高。因此,本书通过最直接和有效地方法,以项目单元为章节,通过每个章节（项目单元）设置的内容使读者学会如何设置、如何进行简单绘图等基础内容。

该书内容翔实,强调了实践性,每章内容后的复习题更加深了读者对知识的掌握与运用。本书可作为室内设计或者装饰专业的学生的软件辅导用书。

责任编辑：张伯熙
责任设计：赵明霞
责任校对：王誉欣　刘　钰

室内设计·装饰专业高职高专教学丛书
AutoCAD装饰绘图实用教程
华孟楠　编写
＊
中国建筑工业出版社出版、发行（北京西郊百万庄）
各地新华书店、建筑书店经销
北京嘉泰利德公司制版
北京建筑工业印刷厂印刷
＊
开本：787×1092毫米　1/16　印张：8¼　插页：1　字数：200千字
2013 年 5 月第一版　2013 年 5 月第一次印刷
定价：25.00元
ISBN 978-7-112-13990-3
　　　　　（22026）

前　言

　　本教程主要针对建筑装饰设计领域，系统讲述了使用 AutoCAD 绘制建筑装饰工程图纸的基本方法和操作技巧。本教程采用实际案例（项目）教学模式，遵照循序渐进、由浅入深的原则，采用平实的语言、图文并茂的实例，带领学生共同经历 AutoCAD 绘制建筑装饰图形的整个过程。

　　全教程由绘图准备、设置图形界限、设置图层及其属性、绘制装饰设计图、绘制标尺寸注、编辑文章说明、编辑整理所绘制平面图共七个项目任务构成，根据实际绘图情境按照使用 AutoCAD 绘制建筑装饰类图形的绘图顺序及作者多年的绘图经验，逐步讲解每一个绘图步骤中所用到的绘图命令，把理论知识的学习带入到真实工作任务中，以项目引出任务，由任务导入知识点，避免了以往教学过程中枯燥的理论堆积式的讲解，充分调动学生的学习兴趣与绘图积极性，使学生能在最短时间内掌握 AutoCAD 基本绘图技能。

　　本教程内容翔实、理论与实践相结合、讲解细致，即使初学者也可很快接受并上手，掌握基本 AutoCAD 绘图技能。本教程适合各级学校建筑装饰及相关专业作为学习 AutoCAD 绘图的教材。

目　录

项目一　绘图准备 ··· 1

1.1　任务 1　绘图任务的引入 ·· 1
1.2　任务 2　AutoCAD2006 的初始基本设置 ·· 1
1.3　任务 3　AutoCAD2006 工作界面简介 ·· 7

项目二　设置图形界限 ·· 22

2.1　任务 1　确定绘图范围 ·· 22
2.2　任务 2　启动图形界限设置命令 ··· 23
2.3　任务 3　设置图形界限 ·· 24

项目三　设置图层及其属性 ··· 28

3.1　任务 1　创建图层 ··· 28
3.2　任务 2　设置图层颜色 ·· 30
3.3　任务 3　设置图层线型 ·· 31
3.4　任务 4　设置当前层 ··· 32

项目四　绘制装饰设计图 ·· 36

4.1　任务 1　绘制定位轴线 ·· 36
4.2　任务 2　绘制墙线 ··· 41
4.3　任务 3　编辑整理墙线 ·· 51
4.4　任务 4　绘制门窗 ··· 53
4.5　任务 5　绘制家具 ··· 65
4.6　任务 6　图形填充 ··· 73

项目五　绘制尺寸标注 ·· 78

任务 1　设置标注样式 ·· 78

项目六　编辑文字说明 ·· 95

6.1　任务 1　编辑多行文字 ·· 95
6.2　任务 2　使用表格 ··· 99
6.3　任务 3　整体完成所绘制图形的文字和表格的输入 ·························· 102

项目七　编辑整理所绘制平面图 ·· 105

7.1　任务 1　绘制图框 ·· 105
7.2　任务 2　预览、打印图形 ·· 109

附件：教程整体任务练习 ·· 113

项目一　绘图准备

项目目标：要求学生通过对本项目中各个任务的实际操作，了解并掌握 AutoCAD 软件的初始基本设置和工作界面，为进一步使用软件绘制建筑装饰类图形做好前期准备。

1.1　任务1　绘图任务的引入

绘制如插图 1-1-1 所示的建筑装饰类设计图，是建筑装饰专业学生应具备的重要基本专业技能之一。传统的绘制方法是在建筑制图的基础之上学生手工尺规绘制，而随着科技的不断进步，计算机二维辅助绘图技术已经逐步取代了传统的手工尺规绘图技术成为目前绘制各类建筑装饰图形的主要手段。在众多绘图软件中，AutoCAD 以其优越的绘图性能和兼容性而成为其中的佼佼者。要绘制插图 1-1-1 所示建筑装饰类设计图，我们首先要了解 AutoCAD 软件（本书以 2006 中文版本为例予以说明）。

AutoCAD 是美国 Autodesk 公司开发的一款专门用于计算机辅助设计的绘图的软件，其主要功能是辅助各领域设计人员对设计项目进行标准化的二维平面设计作业（包括三维部分但不是重点）。自 20 世纪 80 年代 Autodesk 公司首次推出 AutoCAD R1.0 版本以来，由于其具有简便易学、绘图功能丰富、精确无误、编辑功能强大、用户界面完善合理，特别是该软件提供的各种编程工具与接口，为用户在该软件的基础上进行二次开发创造了便利条件等优点，一直深受各领域设计人员的喜爱而被广泛应用于建筑、机械、电子、服装等工程设计领域，极大地提高了设计人员的工作效率，改正了以往由于人员使用尺规手工制图带来的设计图纸不精确、误差大、绘图不规范、时间长、程序繁琐等弊病，是目前国内外使用最为广泛的计算机绘图软件之一。

1.2　任务2　AutoCAD2006的初始基本设置

启动 AutoCAD2006 后，会弹出【启动（Startup）】对话框如图 1-2-1 所示。该对话框提供了【打开图形】、【从草图开始（缺省设置）】、【使用样板】、【使用向导】四种进入绘图环境的选择方式。

注：在命令行输入 startup 命令并改变其数值，可选择在打开 CAD 软件时是否显示【启动（Startup）】对话框。1 为显示对话框，0 为不显示对话框。

（1）打开原有图形

单击【启动（Startup）】对话框中的【打开图形】图标，单击对话框中的【浏览】按钮，弹出【选择文件】对话框，如图 1-2-2 所示。在该对话框中根据需要选择所需文件后，按【确定】按钮即可打开所选原有文件。

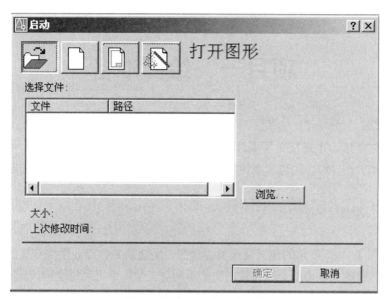

图 1-2-1　Startup 启动对话框

图 1-2-2　【选择文件】对话框

　　注：单击菜单栏上的【文件】→【打开】也可激活【选择文件】对话框。

（2）从草图开始

　　单击【启动（Startup）】对话框中的【从草图开始】图标▯，在对话框的【默认设置（Default Settings）】选项组中有【英制（英尺和英寸）(I)】和【公制（M）】两个选项，因我国采用米（m）、厘米（cm）、毫米（mm）为基本长度计量单位，而不使用英尺（feet）及英寸（inches），所以选择【公制（M）】选项，此时【提示】中显示【使用默认公制设置】，如图 1-2-3 所示。

　　注：单击【启动（Startup）】对话框中的【从草图开始】图标▯，【默认设置（Default Settings）】选项组的系统缺省设置为【公制（M）】。

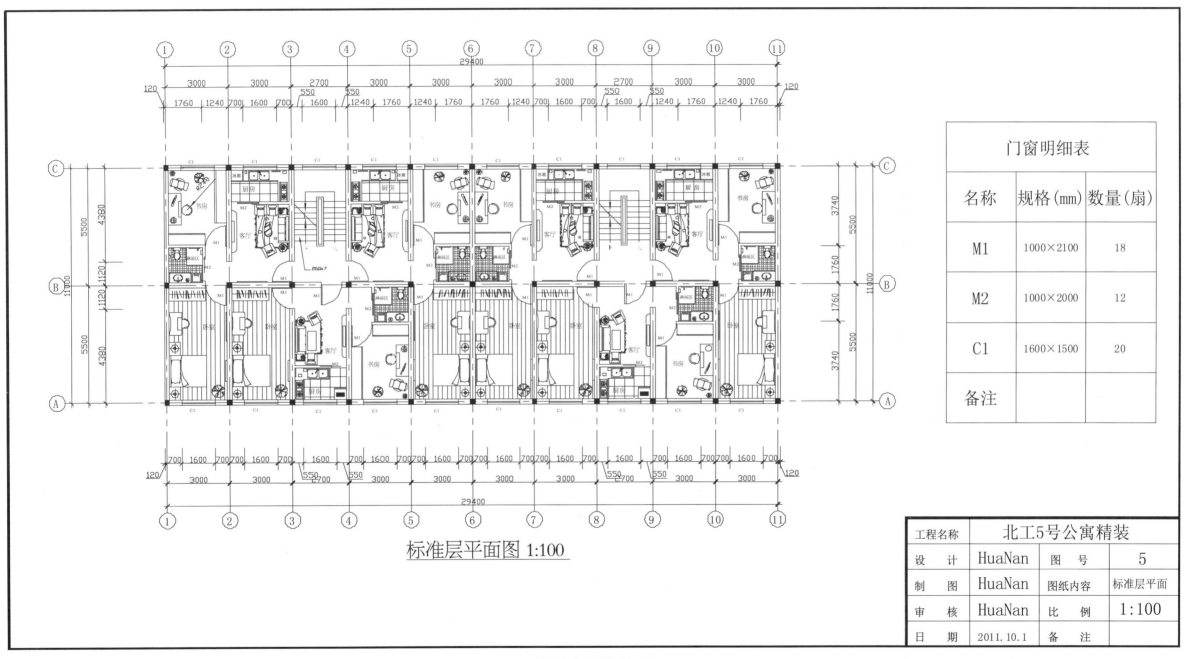

标准层平面图 1:100

门窗明细表

名称	规格(mm)	数量(扇)
M1	1000×2100	18
M2	1000×2000	12
C1	1600×1500	20
备注		

工程名称	北工5号公寓精装		
设　计	HuaNan	图　号	5
制　图	HuaNan	图纸内容	标准层平面
审　核	HuaNan	比　例	1:100
日　期	2011.10.1	备　注	

图 1-1-1　标准层平面图

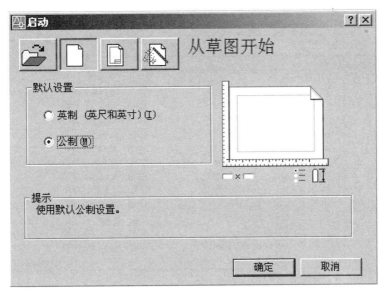

图 1-2-3 【从草图开始】话框

(3) 使用样板

单击【启动（Startup）】对话框中的【使用样板】图标，出现如图 1-2-4 所示对话框，用户可在【选择样板（Select a Template）】列表框内选择 AutoCAD2006 已经定义好的样板文件。每个样板文件都分别包含了绘制不同类型的图形所需的基本设置。在适合的样板上双击，便可选用该样板创建新的图形文件了。如果选择的样板文件（*.dwt）不在"选择样板"列表框内，可单击【浏览】按钮，打开【选择样板文件】对话框进行选择，如图 1-2-5 所示。

注：利用样板创建新图，这种方法在工程制图中经常使用，但其前提条件是：用户所需的样板文件已经存在。

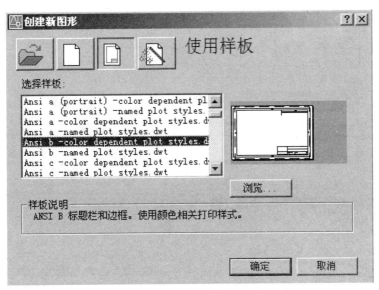

图 1-2-4 【使用样板】对话框

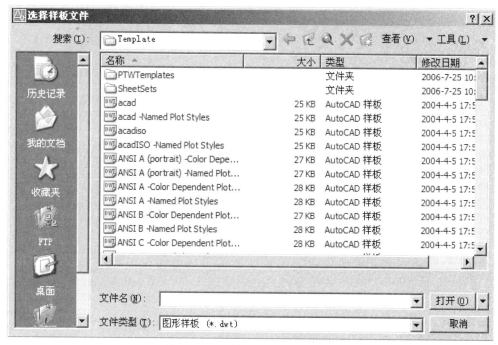

图1-2-5　【选择样板文件】对话框

(4) 使用向导

单击【启动（Startup）】对话框中的【使用向导】图标，AutoCAD2006 打开如图 1-2-6 所示对话框，在【选择向导（Select a Wizard）】列表框中有两个选项，分别是【高级设置（Advanced Setup）】和【快速设置（Quick Setup）】选项，用户可通过其中任一选项进行单位类型及绘图精度等参数的设置。

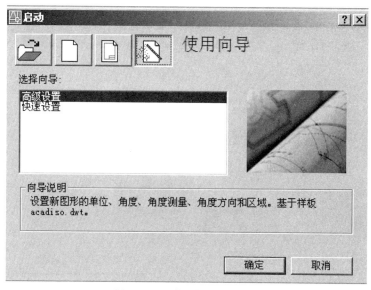

图1-2-6　【使用向导】对话框

（5）高级设置实例

在【使用向导】对话框中双击【高级设置（Advanced Setup）】选项，弹出如图 1-2-7 所示对话框，在该对话框中设置【单位（类型及精度）】。单击【下一步】按钮，将分别进入与设置【角度（角度的测量单位及其精度）】、【角度测量（角度测量的起始方向）】、【角度方向（角度测量的方向）】和【区域（绘图范围）】相应的对话框，如图 1-2-8 ～图 1-2-11 所示。

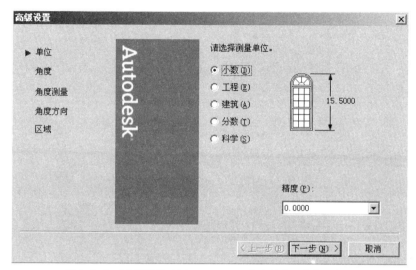

图 1-2-7 【高级设置（Advanced Setup）】向导之【单位】步骤

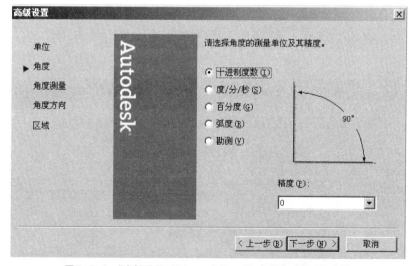

图 1-2-8 【高级设置（Advanced Setup）】向导之【角度】步骤

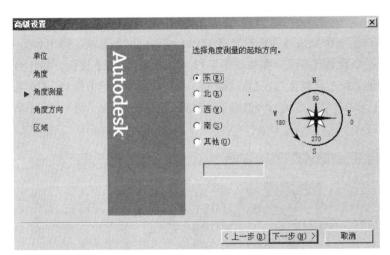

图1-2-9 【高级设置（Advanced Setup）】向导之【角度测量】步骤

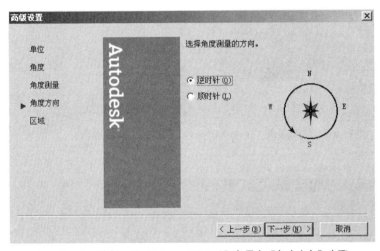

图1-2-10 【高级设置（Advanced Setup）】向导之【角度方向】步骤

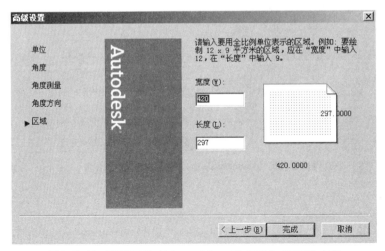

图1-2-11 【高级设置（Advanced Setup）】向导之【区域】步骤

注：如果在图 1-2-6 中双击【快速设置（Quick Setup）】选项，则弹出如图 1-2-12 所示对话框，要求确定【单位（类型）】。选择后单击【下一步】按钮打开如图 1-2-13 所示对话框，确定绘图区域的长和宽。设置完毕后单击【完成】按钮创建用户所需的新图。注意图 1-2-12 与图 1-2-7 的区别。

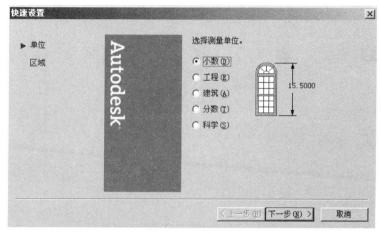

图 1-2-12 【快速设置（Quick Setup）】向导之【单位】步骤

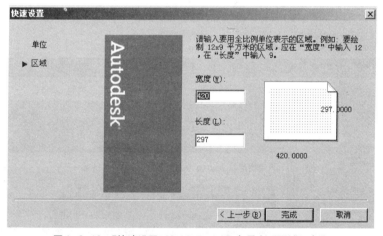

图 1-2-13 【快速设置（Quick Setup）】向导之【区域】步骤

1.3 任务3 AutoCAD2006工作界面简介

启动 AutoCAD2006 中文版并进行初始设置之后，计算机在打开工作界面的同时也打开了【新功能专题研习】窗口，如图 1-3-1 所示。【新功能专题研习】主要介绍 AutoCAD2006 与前期版本相比新增添的主要功能（其他常用命令和功能用户可以通过按 F1 键调出【AutoCAD2006 帮助：用户文档】窗口进行查询如图 1-3-2），将其关闭后，将显示如图 1-3-3 所示窗口，这就是 AutoCAD2006 的工作界面。

图 1-3-1 【新功能专题研习】窗口

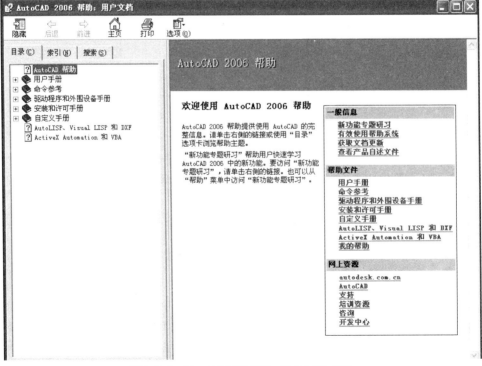

图 1-3-2 【AutoCAD2006 帮助：用户文档】窗口

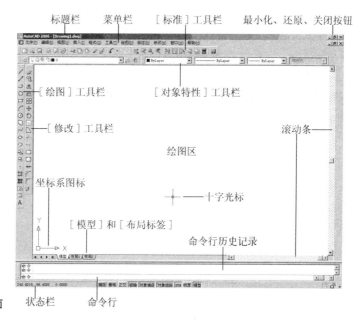

图 1-3-3 AutoCAD2006 工作界面

（1）标题栏和菜单栏

屏幕的顶部是标题栏，它显示了当前所使用软件的名称及版本 AutoCAD2006，后面紧跟的是当前打开的图形文件名称，如果刚刚启动 AutoCAD 或当前所打开图形文件尚未命名并保存，则图形文件名显示为【Drawing1.dwg】。在标题栏的最左端是标准 Windows 应用程序的控制按钮 。而在标题栏的最右端有一组按钮从左至右分别是最小化（窗口）按钮 、向下还原（窗口）按钮 / 最大化（窗口）按钮 以及关闭（应用程序）按钮 。这一组按钮的作用，与 Windows 其他应用程序的相同。

紧接标题栏下边的是菜单栏，它提供了 AutoCAD2006 的所有可控菜单，只需在某一菜单上单击鼠标左键，便可打开其下拉菜单。图 1-3-4 所示显示的是【绘图】下拉菜单，菜单栏的左端是绘图窗口的控制按钮，右端是绘图窗口的最小化、向下还原 / 最大化和关闭按钮。

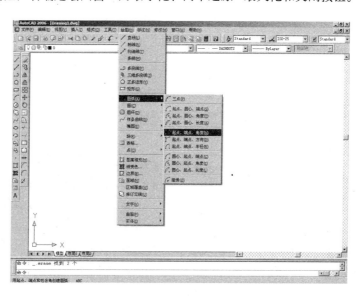

图 1-3-4 【绘图】下拉菜单

（2）【标准】工具栏

标准工具栏提供了 AutoCAD2006 重要的操作按钮，它包含了最常用的基本命令。图 1−3−5 就是位于菜单栏下面的【标准】工具栏。

图 1−3−5 【标准】工具栏

表 1−3−1 列出了【标准】工具栏上各功能按钮所对应的命令和功能。在【标准】工具栏中有些按钮是单一型的，有些则是嵌套型的（按钮右下方带有嵌套符号 ◢）。对于嵌套按钮，它提供的是一组相关的命令。在嵌套按钮上按住鼠标左键，将弹出嵌套的子按钮。如图 1−3−6。

【标准】工具栏中各功能按钮功能简介   表 1−3−1

工具按钮	命令	功能
	新建	创建新图
	打开	打开已有图形文件
	保存	保存图形文件
	打印	打印
	打印预览	打印预览
	发布	将用于发布的图纸指定为多页图形集
	剪切	剪切至剪贴板
	复制	复制至剪贴板
	粘贴	将剪贴板上的内容粘贴至当前光标所在处
	特性匹配	特性匹配
	块编辑器	编辑定义块
	放弃	撤销上一次操作
	重做	重复上一次操作
	实时平移	动态平移视窗
	实时缩放	动态缩放视窗
	窗口缩放	视窗管理（有嵌套图标）
	缩放上一个	返回前一视窗
	对象特性	打开 / 关闭对象属性管理器
	设计中心	打开 / 关闭 AutoCAD 设计中心
	工具选项板窗口	组织、共享和放置块及填充图案的有效方法
	图纸集管理器	组织、显示和管理图纸集（图纸的命名集合）
	标记集管理器	显示已加载标记集的有关信息和状态
	快速计算器	执行算术、科学和几何计算
	帮助	AutoCAD 帮助：用户文档

项目一 绘图准备 **11**

图 1-3-6 嵌套子按钮

（3）其他工具栏

从图 1-3-3 所示的 CAD 工作界面可以看到，除了【标准】工具栏外，AutoCAD2006 的初始界面上还有四个工具栏，两个水平放置且位于【标准】工具栏下面的分别是【图层】工具栏和【对象特性】工具栏，如图 1-3-7、图 1-3-8 所示，主要列出了图形对象的属性（如图层、颜色、线型等）控制命令，用来进行环境设置；另两个垂直显示并位于工作界面的左侧，其中一个是【绘图】工具栏，如图 1-3-9 所示。另一个是【修改】工具栏，如图 1-3-10 所示。这两个工具栏包含了最常用的绘图和编辑命令。表 1-3-2 列出了上述工具栏中各按钮所对应的命令和功能。

Auto CAD2006 中文版界面中的工具栏均是大小可变、位置可调的，而且程序中所提供的工具栏远不止上面几种，以上介绍的只是其默认设置，用户可以根据个人爱好和需要调用各工具栏。调用方法为使用鼠标右键单击任一工具栏，在弹出的快捷菜单中选择所需工具栏即可。见图 1-3-11。

图 1-3-7 【图层】工具栏

图 1-3-8 【对象特性】工具栏

图 1-3-9 【绘图】工具栏

图 1-3-10 【修改】工具栏

【图层】、【对象特性】、【绘图】、【修改】工具栏中各按钮功能简介　　　　　　表 1-3-2

工具栏	工具按钮	对应命令	功能
【图层】		layer	管理图层和图层特性
			图层控制
		ai_molc	将对象的图层置为当前层
		layerP	恢复上一图层
【对象特性】	□ ByLayer	color/col	颜色控制
	—— ByLayer	linetype	线型控制
	—— ByLayer	lweight	线宽控制

续表

工具栏	工具按钮	对应命令	功能
	随颜色	poltstyle	设置打印样式
【绘图】		line	创建直线段
		Xline	创建构造线
		pline	创建二维多段线
		ploygon	创建等边闭合多边形
		rectang	创建矩形
		arc	创建圆弧
		circel	创建圆
		revcolud	修订云线
		spline	创建样条曲线
		ellipse	创建椭圆或椭圆弧
		ellipse	创建椭圆弧
【绘图】		insert	向当前图形插入块或图形
		bmake	从选定对象创建图块
		point	创建点
		bhatch	用图案填充指定区域
		gradient	用渐变色填充指定区域
		region	将指定对象转换为面域
		table	在图形中创建空的表格
		mtext	创建多行文字对象
【修改】		erase	从图形中删除指定的对象
		copy	复制指定的对象
		mirror	镜像指定的对象
		offset	偏移指定的对象
		array	按指定方向排列对象副本
		move	移动制定的对象
		rotate	绕基点旋转对象
		Scale	放大或缩小对象
		stretch	移动或拉伸对象
		trim	用定义的剪切边修剪对象
		extend	将对象延伸到另一对象
		break	在一点打断选定的对象
		break	在两点间打断选定的对象
		join	合并对象
【修改】		chamfer	给对象加倒角
		fillet	给对象加圆角
		explide	将组合对象分解

注：AutoCAD2006 中文版用户还可以自定义工具栏。自定义工具栏不仅可以在绘图区域中放置或调整工具栏大小，以便获得最佳绘图效率和最大空间，另外还可以创建和修改工具栏和弹出式工具栏，添加命令和控制元素，并创建和编辑工具栏按钮如图 1-3-12，具体步骤如下：

A.使用鼠标单击菜单栏→【视图】→【工具栏】选项（或菜单栏→【工具】→【自定义】→【界面】）启动【自定义用户界面】对话框；

B.在【自定义用户界面】对话框【自定义】选项卡的【所有 CUI 文件中的自定义】设置窗格中，鼠标右键单击【工具栏】→【新建】→【工具栏】。此时【工具栏】树的底部将会出现一个新工具栏（名为"工具栏 1"）。

C.执行以下操作之一：

输入新名称覆盖"工具栏 1"文字。

在"工具栏 1"上单击鼠标右键选择【重命名】，输入新的工具栏名称。

D.在树状图中选择该新工具栏，然后更新【特性】窗格：

在【说明】框中为该工具栏输入说明。

在【默认打开】框中，单击【隐藏】或【显示】。如果选择【显示】，此工具栏将会显示在所有工作空间中。

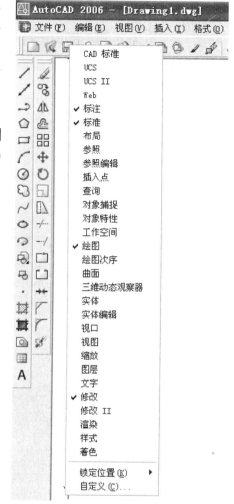

图 1-3-11　通过快捷菜单调用所需工具栏

在【方向】框中，单击【浮动】、【上】、【下】、【左】或【右】。

在【默认 X 位置】框中输入一个数字。

在【默认 Y 位置】框中输入一个数字。

在【行】框中输入浮动工具栏的行数。

在【别名】框中输入工具栏的别名。

E.在【命令列表】窗格中，将要添加的命令拖到【所有 CUI 文件中的自定义】设置窗格中该工具栏名称下面的位置。

F.向新工具栏添加完命令后，单击【确定】或继续进行自定义。

(4) 绘图区（视图窗口）

在 AutoCAD2006 版本界面中最大的区域便是"绘图区"，也称为视图窗口（视窗），如图 1-3-13 所示，绘图区就等同于手工绘图时的图纸，用户只能在绘图区域内绘制图形。绘图区在理论上没有边界，使用视窗缩放功能可使绘图区无限增大或缩小。因此无论多大的图形，都可置于其中，这也正是 AutoCAD 的方便之处。

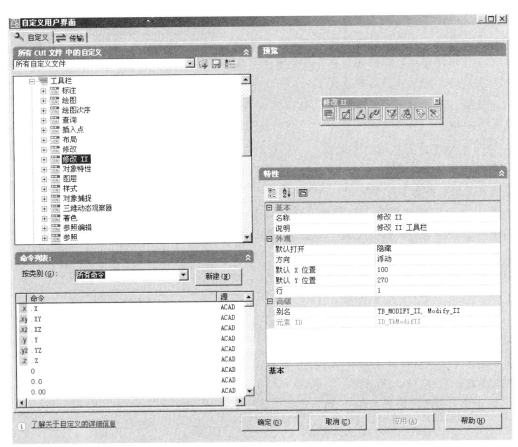

图 1-3-12 【自定义用户界面】对话框

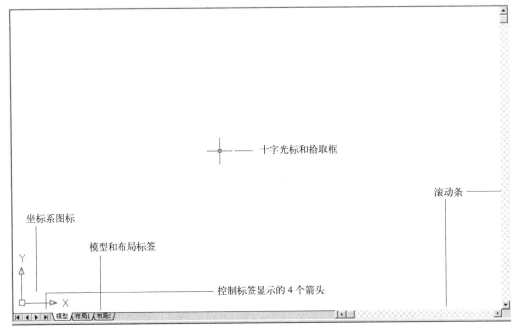

图 1-3-13 AutoCAD2006 绘图区

　　绘图区的右边和下边分别有两个滚动条，可使绘图区上下左右移动以便于观察。绘图区的左下部有 3 个标签，即【模型】标签、【布局 1】标签和【布局 2】标签，它们用于【模型】空间和【图纸布局】空间的切换，绘图区默认状态下显示为【模型】空间。【模型】标签的左边有 4 个滚动箭头，用来滚动显示标签。当光标移动至绘图区以内时，便出现十字光标和拾取框。十字光标和拾取框是绘图的主要工具。

　　注：【模型】空间主要用于用户按 1:1 的比例设计、绘图并进行打印和出图的，而【图纸布局】空间是用户用来对所绘制图形进行排版、设置各项参数及出图的。【模型】空间是三维的，在一个绘图文件中只有一个【模型】空间；而【图纸布局】空间是二维的，在一个绘图文件中可以有多个【图纸布局】空间，用户使用鼠标在【布局】标签上单击右键，在弹出的菜单中选择【新建布局（N）】选项如图 1-3-14 所示即可建立一个新的【图纸布局】空间。【模型】空间的背景色系统默认为黑色，如需要调整的话可在命令行任意位置单击鼠标右键，在弹出的菜单中选择【选项】打开【选项】对话框，将其中的【显示】选项卡置为当前如图 1-3-15 所示，在【窗口元素】选项中点击【颜色（C）】按钮打开【颜色选项】对话框如图 1-3-16 所示，使用鼠标点击【模型选项卡】窗口，使【窗口元素】选项中显示为"模型空间背景"，然后点击【颜色】子选项的下拉式按钮，在弹出的菜单中选择需要的颜色如图 1-3-17 所示，此时单击【应用并关闭】按钮回到【选项】对话框，再单击【确定】即可。

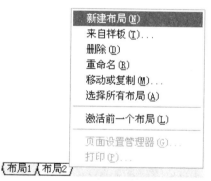

图 1-3-14　选择【新建布局】选项

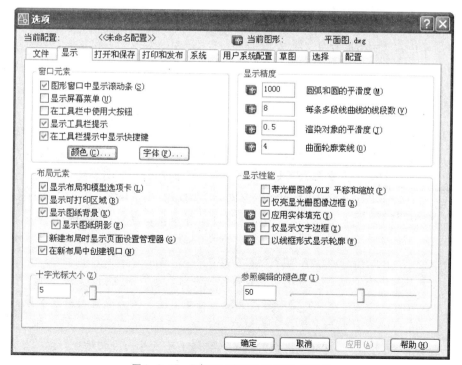

图 1-3-15　【选项】对话框【显示】选项卡

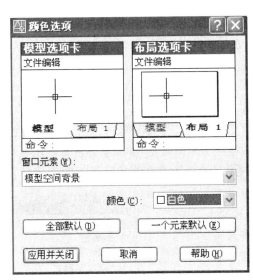

图1-3-16　【颜色选项】对话框

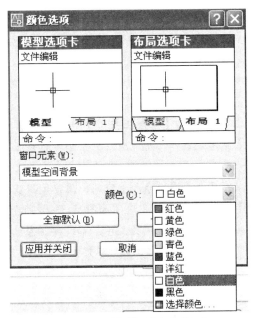

图1-3-17　选择模型空间背景颜色

　　绘图区左下角相互垂直的箭头图形是坐标系图标如图1-3-18所示。在AutoCAD中，坐标是绘制图形文件的基础，所有点、线、图形的绘制都要依托于坐标。AutoCAD中坐标系分为世界坐标系（World Coordinate System，简称WCS）和用户坐标系（User Coordinate System，简称UCS）两部分。系统默认设置的初始坐标系为世界坐标系（WCS），是固定坐标，其坐标原点位于绘图区左下角，坐标系由3个相互垂直并相交的坐标轴X、Y、Z组成。X轴为水平轴，向右为正方向；Y轴为垂直轴，向上为正方向；Z轴方向垂直于X轴Y轴所组成的平面（XY平面），指向用户的方向为正方向（在X、Y平面上绘制编辑建筑装饰类图形时，只需输入X轴、Y轴坐标数值，Z轴坐标数值由系统自动赋值为0）；而用户坐标系（UCS）是用户为绘图方便而自行设置的坐标系，其原点可以相对世界坐标系（WCS）移动亦可以绕坐标轴X、Y、Z进行旋转，其图标如图1-3-19所示。在默认情况下，用户坐标系统和世界坐标系统相重合，用户可以在绘图过程中根据具体需要来定义UCS。UCS可以通过在命令行输入UCS命令创建，也可利用带UCS的样板构造一个不使用WCS的图形。

　　注：在AutoCAD坐标系中，当我们需精确绘制点或线段的端点时，我们可以通过输入坐标的方式来实现目标，具体方法如下：

　　A. 输入绝对坐标

　　当已知点或线段端点距离坐标原点的精确数值时，直接输入X、Y值即可定义绝对坐标（绘制第一点直接输入X、Y值即可，指定下一点时需在输入数值之前加"#"号以确保输入的是绝对坐标值，否则系统则默认下一点开始为相对坐标输入模式）如图1-3-20所示。

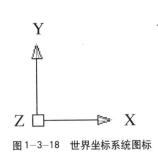

图1-3-18　世界坐标系统图标

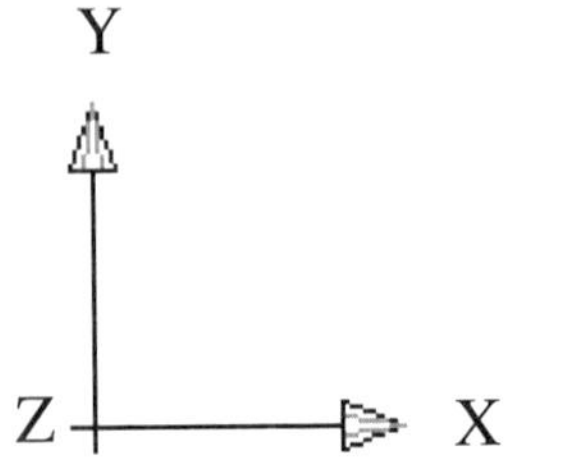

图1-3-19　用户坐标系统图标

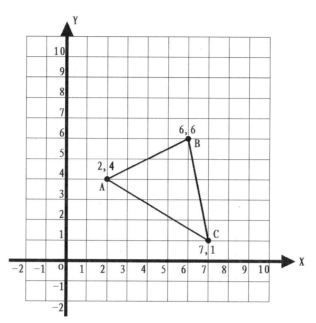

图 1-3-20 指定绝对坐标值

B. 输入相对坐标

当需绘制的点相对于前一点的位置已知时即可使用相对坐标，坐标形式为 "@X,Y"（第一点确认后系统自动默认输入的下一点为相对坐标值，不用手动添加 "@" 符号，此时也可使用 ucs 命令直接新建用户坐标系，捕捉点 A 为新坐标系原点，然后直接输入相对数值 4,2 即可确认 B 点）如图 1-3-21 所示，点 B 相对于点 A 坐标值为（@4,2），而相对于坐标原点的值为（6,6），点 C 相对于点 B 的坐标值为（@1，−5），而相对于坐标原点的值为（7,1）。

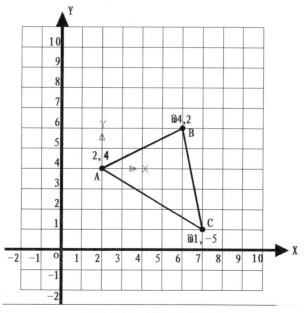

图 1-3-21 指定相对坐标值

C. 输入绝对极坐标

当已知需绘制的点与坐标原点连线的长度及与水平轴的夹角时，可以使用绝对极坐标，形式为"长度＜角度"，如图1-3-22所示，点A与坐标原点连线的距离为4，与水平轴的夹角为63°，所以绝对极坐标值为（4<63），点B的绝对极坐标值为（7<44）。

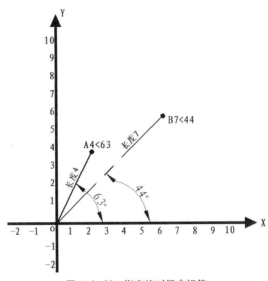

图1-3-22 指定绝对极坐标值

D. 输入相对极坐标

当需绘制的点与前一点的连线距离及与水平轴的夹角度数已知时即可使用相对极坐标，坐标形式为"@长度＜角度"如图1-3-23所示，点B相对于点A的连线距离为4.5，与水平轴夹角为26°，所以点B的相对极坐标值为（@4.5,26）。

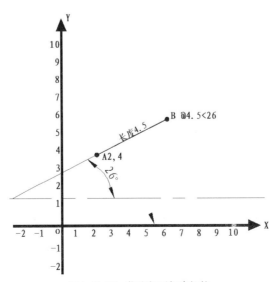

图1-3-23 指定相对极坐标值

E. 直接输入距离值

既当第一点确认后，拖动鼠标指定方向，然后直接输入长度数值即可，通常使用该种方法时会打开【正交】、【极轴】或【对象捕捉】。

（5）命令窗口

在绘图区下方是命令窗口。命令窗口由两部分组成，分别是命令行和命令历史记录窗口，如图1-3-24所示。

图1-3-24 命令窗口

命令行用于显示用户从键盘输入的内容；命令历史记录窗口则含有 AutoCAD 启动后所执行过的全部命令及提示信息，该窗口有垂直滚动条，可上下滚动。命令窗口是用户和 AutoCAD 进行对话的窗口，通过该窗口发出绘图命令，与菜单和工具栏按钮操作等效。在绘图时应特别注意该窗口输入命令后的提示信息，如错误信息、命令选项及其提示信息都将在该窗口中显示。

注：A. 按住鼠标左键拖动命令历史记录窗口的上边框处可调整命令历史记录窗口的显示行数（默认为两行）。命令窗口的位置是可以浮动的，用鼠标在命令窗口的边缘上单击并拖动，可将其移动至任意位置。

B. 在 AutoCAD 中输入命令的方式很多，用户可以从 AutoCAD 菜单栏中的菜单、屏幕菜单、工具栏、鼠标右键快捷菜单、命令行、快捷键与功能键等来启动命令。菜单、工具栏、快捷键输入命令的方式和其他 Windows 应用程序基本相同。在命令行的命令提示下输入命令全称或快捷命令，然后按下回车键或空格键即可启动命令。这种方法也适用于命令窗口和文本窗口。AutoCAD 还提供了常用命令的快捷形式，在命令行输入简写命令（字母不分大小写）就可启动相应常规命令。

工具栏、命令行、快捷键是较常用的输入命令方式。退出操作的方法有两种，一是在用户觉得结果满意时按下回车键或 Esc 键，另一种方法是单击鼠标右键，在弹出的快捷菜单中选择【确认】命令。表1-3-3为 AutoCAD 常用快捷命令对照表，表1-3-4为 AutoCAD 常用功能键对应表。

常用快捷命令对照表　　　　　　　　　　　　　　　　　　表1-3-3

命令全称	快捷命令	对应操作	命令全称	快捷命令	对应操作
Arc	a	绘制圆弧	move	m	移动对象
Blok	b	定义块	offset	o	偏移对象
Circle	c	绘制圆	pan	p	视图平移
dimstyle	d	标注样式	redraw	r	重画
Erase	e	删除对象	stretch	s	拉伸
Fillet	f	倒圆角	mtext	t	创建多行文字
Group	g	编组	undo	u	重做
Bhatch	h	快速填充	view	v	视图
Insert	i	块插入	wblock	w	块写入
Line	l	绘制直线	zoom	z	缩放视图

AutoCAD 常用功能键对应表 表 1-3-4

功能键	对应命令	功能键	对应命令
CTRL+A	选择图形中的对象	CTRL+C	复制选中的对象
CTRL+X	剪切选中的对象	CTRL+V	粘贴选中的对象
CTRL+O	打开现有图形	CTRL+S	保存当前图形
CTRL+P	打印当前图形	CTRL+N	新建图形
CTRL+Y	取消前面的"放弃"动作	CTRL+Z	撤销上一个操作
F1	显示帮助窗口	F2	打开或关闭文本窗口
F3	打开或关闭对象捕捉	F4	切换 TABMODE 数字化仪
F5	切换等轴测平面	F6	打开或关闭状态栏坐标显示
F7	打开或关闭栅格	F8	打开或关闭正交
F9	打开或关闭捕捉	F10	打开或关闭极轴
F11	打开或关闭对象捕捉追踪	F12	打开或关闭动态输入

（6）状态栏

AutoCAD2006 工作界面最下方是状态栏。状态栏显示出当前十字光标所处三维坐标和 AutoCAD 绘图辅助工具的开关（【捕捉】、【栅格】、【正交】、【极轴】、【对象捕捉】、【对象追踪】、【DYN】、【线宽】、【模型】）。单击这些开关按钮，可将它们切换成打开或关闭状态。除此之外，右键单击这些开关按钮将弹出一个快捷菜单如图 1-3-25 所示，单击其上的【设置】命令，在弹出的如图 1-3-26【草图设置】对话框中可设置某些按钮的选项配置，这与选择菜单【工具】→【草图设置】命令的效果是一样的。

图 1-3-25 快捷菜单

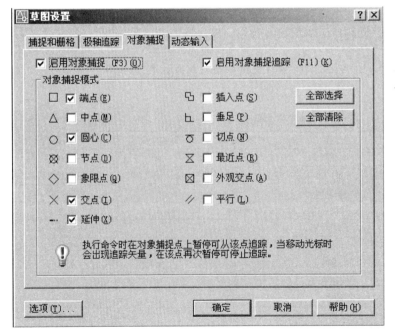

图 1-3-26 【草图设置】对话框

课后任务练习

1.在【启动（Startup）】对话框中单击【快速设置（Quick Setup）】选项，将【区域（绘图范围）】对话框中的宽度和长度数值分别设为 42000,29700；

2.在命令行输入【startup】命令以修改其数值，使 AutoCAD 启动时不再显示【启动】对话框；

3.从【帮助】菜单中打开【新功能专题研习】窗口，查看相关新功能；

4.在 AutoCAD 工作界面中关闭【图层】、【对象特性】、【绘图】、【修改】等工具栏，然后重新打开，并在【自定义用户界面】对话框中尝试对所打开的工具条进行各项编辑；

5.使用鼠标将【绘图】、【修改】等工具栏试着拖动到绘图区任意位置并观察界面有何变化；

6.通过按 F1 键调出【AutoCAD2006 帮助：用户文档】窗口如图 1-3-2 所示，使用【目录】、【索引】、【搜索】选项查找需学习或使用的命令及其具体使用方法、步骤；

7.分别使用绝对坐标、相对坐标、绝对极坐标、相对极坐标四种坐标输入方式绘制图形练习 1；

8.试将绘图区背景颜色由黑色改为白色。

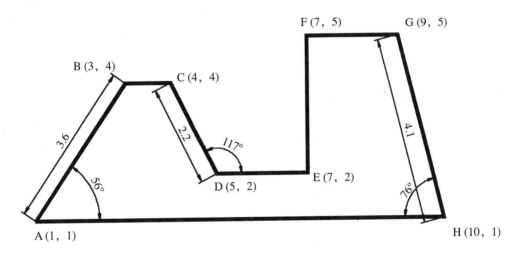

练习 1

项目二　设置图形界限

项目目标：要求学生通过对本项目中各个任务的实际操作，了解并掌握使用 AutoCAD 软件绘制建筑装饰类图形时图形绘制范围的确定原则以及【limits】命令的启动和使用方法，能够根据所给平面图形确定恰当的绘图范围并进行相应设置。

2.1　任务1　确定绘图范围

绘图范围是指我们绘制指定图形时所需区域大小，原则上绘图范围只要比所绘制图形大即可，而绘图区域在理论上是无限大的，所以通常我们采用 1：1 的比例进行绘图。例如，要绘制图形总长宽为 500mm×700mm 的图形，绘图范围可以设置为 800mm×1000mm，也可设置为 10000mm×20000mm，只要能放下 500mm×700mm 的图形即可如图 2-1-1 和图 2-1-2 所示。考虑到除图形本身外还会有标注及文字说明等内容，所以绘图范围不能设置成和所绘图形长宽刚好一样的数值，否则易导致绘图空间不够无法放置标注及文字说明等绘图内容。

注：如果绘图范围设置小于所绘图形总长宽，则所绘制图形无法在当前绘图区域内完全显现，见图 2-1-3，需检查并从新设置绘图界限。

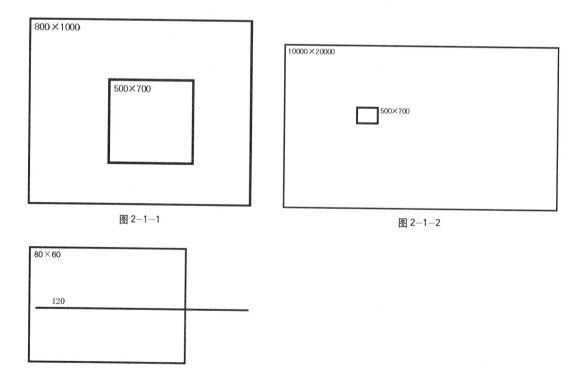

图 2-1-1

图 2-1-2

图 2-1-3

根据以上原则以及对插图的分析，我们在这里把图形范围确定为 42000mm×29700mm。

2.2 任务2 启动图形界限设置命令

在 AutoCAD2006 版软件中我们使用图形界限命令来设置绘图范围，图形界限可根据实际情况随时进行调整。图形界限命令的启动方式有三种：

（1）动态输入

所谓动态输入是指在未执行任何命令的前提下直接在键盘上敲击【limits】命令，光标旁边显示的工具栏提示信息中会出现 limits 字样，如图 2-2-1 所示，此时按回车键或空格键即可启动图形界限命令。

注：使用动态输入功能可以在工具栏提示中输入数值，而不必在命令行中进行输入。光标旁边显示的工具栏提示信息将随着光标的移动而动态更新。当某个命令处于活动状态时，可以在工具栏提示中输入数值。动态输入有两种，包括：指针输入（用于输入坐标值）、标注输入（用于输入距离和角度）。动态输入命令可以通过单击状态栏上的"DYN"来打开或关闭。动态输入不会取代命令窗口，如图 2-2-2 所示。

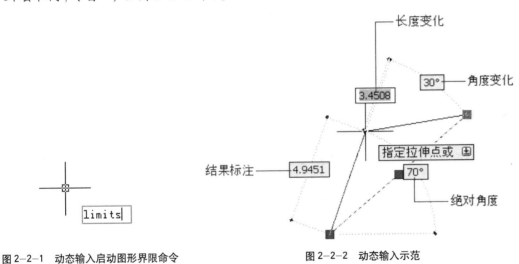

图 2-2-1 动态输入启动图形界限命令　　　　图 2-2-2 动态输入示范

（2）命令行输入

使用鼠标单击命令行使插入符处于激活状态，然后在键盘上输入【limits】命令，如图 2-2-3 所示，此时按回车键或空格键即可启动图形界限命令。

图 2-2-3 命令行输入命令启动图形界限设置

（3）菜单栏启动

使用鼠标单击菜单栏中的【格式】按钮，在下拉菜单中选择【图形界限】选项并单击即可启动图形界限设置命令，如图 2-2-4 所示。

注：以上三种启动图形界限设置命令的方式，使用者可根据个人操作习惯灵活选用，并无特定使用要求。

2.3 任务3 设置图形界限

设置绘图界限具体步骤如下：

（1）启动图形界限命令【limits】；

（2）此时命令行显示"指定左下角点或 [开 (ON)/ 关 (OFF)] <0.0000,0.0000>:"字样，保持初始数值不变直接按回车键；

（3）命令行显示"指定右上角点 <420.0000,297.0000>:"字样，在英文输入状态下输入数值 42000,29700，然后按回车键确认；

（4）按字母 Z 键→按空格键→按字母 A 键→按空格键（即菜单栏【视图】→【缩放】→【全部】），此时图形界限设置完成；

图 2-2-4 菜单栏启动图形界限命令

这里的"指定左下角点"是指绘图区域的大小范围值是由左下角点和右上角点所确定的。系统默认的左下角点坐标值为 (0,0)，即坐标原点，所以通常情况下我们不需要改动此数值，只需给出右上角点的坐标即绘图区域的长和宽即可，系统默认右上角点为(420,297)，如图 2-3-1 所示。本书中所有数值均为 mm 单位，除特殊情况外将不再标识说明。

```
命令: '_limits
重新设置模型空间界限:
指定左下角点或 [开(ON)/关(OFF)] <0.0000,0.0000>:
指定右上角点 <420.0000,297.0000>: 42000,29700
命令: z
ZOOM
指定窗口的角点，输入比例因子 (nX 或 nXP)，或者
[全部(A)/中心(C)/动态(D)/范围(E)/上一个(P)/比例(S)/窗口(W)/对象(O)] <实时>: a
正在重生成模型。
命令:
```

图 2-3-1 设置图形界限

注：改动数值时，直接在命令行输入坐标数值或在动态输入信息提示栏输入坐标数值并确认即可。长宽值之间的分隔号必须是在英文输入法状态下的"，"逗号，否则输入的数值无效；在 AutoCAD 中，图形界限的设置不受限制，所绘制图形大小也不受图纸大小限制，为保证精确绘图和协调设计应采用 1：1 比例绘制图形，图形绘制完成后再根据需要设置比例打印出图。

图形界限设置完成后按 ctrl 键＋S 键（单击菜单栏【文件】→【保存】或直接按【标准】工具栏上的保存按钮🖫）以存储所绘制图形文件。第一次存储时，系统会弹出【图形另存为】对话框如图 2-3-2 所示，此时选择图形文件存储位置并设文件名为"平面图"，文件类型默认为"*.dwg"格式；如要保存此次绘图设置以便以后直接调用，可单击菜单栏【文件】→【另存为】将设置好的图形文件命名并存为"*.dwt"样板文件即可。绘图时要养成良好的保存习惯，每隔五分钟左右即应执行一次保存命令以保证图形文件的安全性和完整性。

注：使用 Ctrl +Tab 键可在已打开的图形文件中来回进行切换。

此外用户还可以通过 AutoCAD 系统自带的【文件安全措施】选项来自动为用户保存所绘制的图形文件，具体步骤如下：

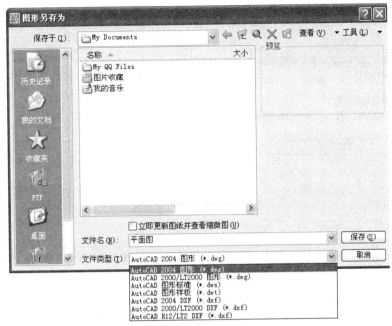

图 2-3-2 【图形另存为】对话框

（1）在命令行任意位置单击鼠标右键，在弹出的菜单中选择【选项】打开【选项】对话框；

（2）单击对话框上的【打开和保存】选项卡如图 2-3-3 所示，在【文件安全措施】子选项中勾选【自动保存】选项，并将保存间隔分钟数设置为 5，点击【应用（A）】然后【确定】完成设置，此时系统会每隔 5 分钟以临时文件（扩展名为 ac$）的形式为用户保存一次正在进行绘制、编辑的图形内容。为保证图形的私密性，我们还可以在【文件安全措施】子选项中单击【安全选项】按钮打开【安全选项】对话框为所绘制图形文件设置密码如图 2-3-4 所示。

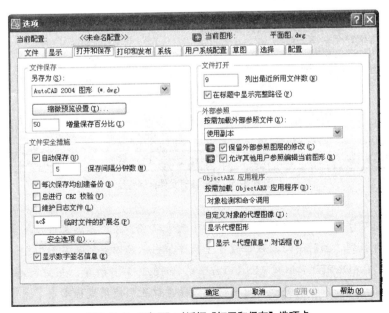

图 2-3-3 【选项】对话框【打开和保存】选项卡

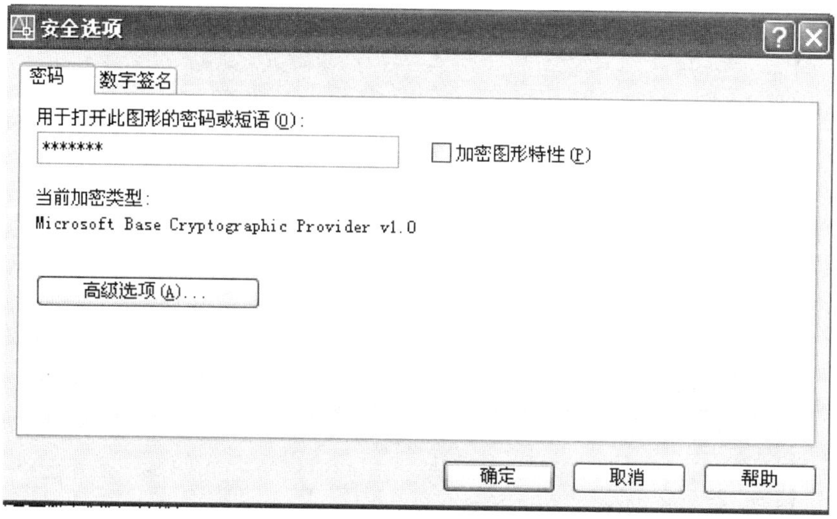

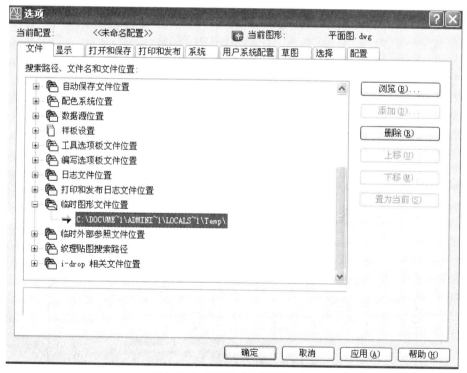

图2-3-4 【安全选项】对话框

图2-3-5 编辑临时文件存储路径

注：在【选项】对话框【文件】选项卡的【搜索路径、文件名和文件位置】窗格中向下拖动文件树到底部找到【临时图形文件位置】子项并单击，可以看到临时图形文件的存储路径为"C:\DOCUME~1\ADMINI~1\LOCALS~1\Temp\"如图2-3-5所示，用户可在此位置找到系统自定保存的图形文件。如要更改临时图形文件保存位置则使用鼠标单击【浏览】选项重新指定存储路径即可。

课后任务练习

1.打开 AutoCAD 软件，将当前文件命名为"练习 2"并保存；

2.根据练习 2 所示平面图确定恰当的绘图范围；

3.在动态输入下使用【limits】命令将图形界限设置为 420×297，以绘图区靠近左侧位置任意一点为起点绘制一条长度为 10000 的直线，修改【limits】图形界限数值分别为 42000×29700 与 5000×5000，查看数值修改后的效果；

4.关闭动态输入，在命令行输入相关命令重复上一步骤；

5.将系统自动保存时间设置为 3 分钟，并尝试为所绘制图形文件设置保密。

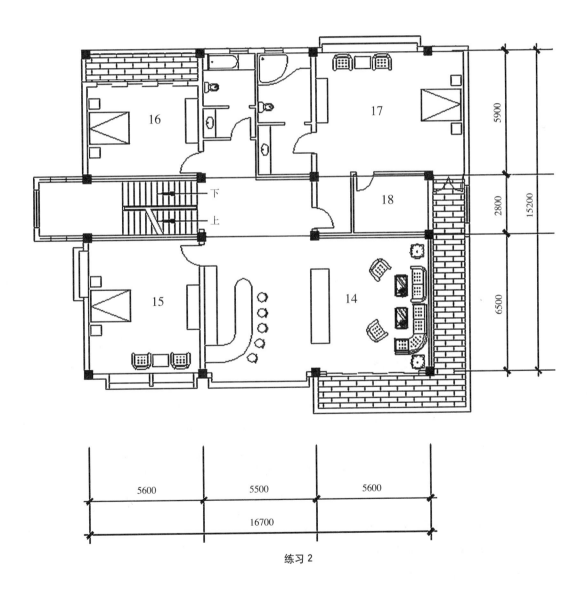

练习 2

项目三 设置图层及其属性

项目目标：要求学生通过对本项目中各个任务的实际操作，了解并掌握图层的原理及实用意义，能够熟练地通过【图层特性管理器】对所绘制图形进行分层和管理，并根据实际绘图需要合理地设置各个图层的线型、颜色、线宽、开\关、锁定\解锁图层、打印\不打印图层等参数。

3.1 任务1 创建图层

图层就像叠放在一起的透明胶片，不同图层内的对象特性、属性不同，可透过一个或多个图层看到其他图层上的对象如图 3-1-1 所示。图层可对其所属的对象设置颜色、线型、线宽、打印样式等特性，还具备控制图层内容可见、冻结、锁定等管理功能。运用图层可以更好地组织和管理不同类型的图形信息，方便我们绘图。

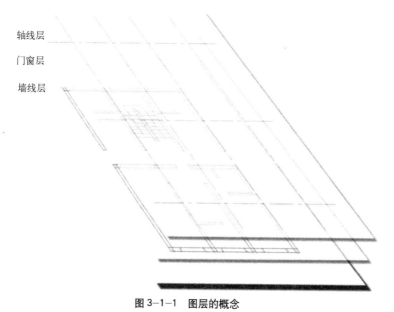

图 3-1-1 图层的概念

创建图层需调用【图层特性管理器】，调用方法如下：

（1）【图层】工具栏→【图层特性管理器】按钮；

（2）菜单栏【格式】→【图层特性管理器】；

（3）命令行：输入 layer →回车。

激活【图层特性管理器】后出现如图 3-1-2 所示对话框，系统创建图层为 "0" 层，图层颜色、线型、线宽等特性均为系统默认值。

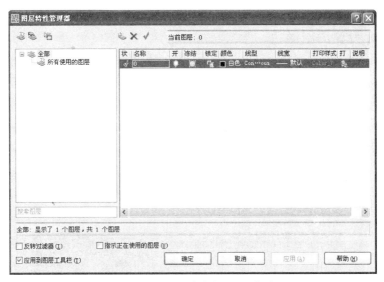

图 3-1-2 【图层特性管理器】对话框

注："0"层和"Defpoints"层不能被删除或重新命名，包含对象的图层与当前层也不能被删除。Defpoints 层是系统放置标注点的层，当图中有标注（DIM）或所用的块中有标注时就会出现这一层，刚建立图层时则没有。此层无法改名，画在此层的实体只能显示，不能打印。

根据所给平面插图内容，我们需创建轴线层、墙线层、家具层、填充层、标注层、文字层等图层，具体步骤如下：

（1）启动【图层特性管理器】对话框；

（2）在【图层特性管理器】中单击【新建】按钮，新图层系统默认名称为"图层1"，其特性未改动前自动继承上一图层特性；

（3）输入新的图层名称"轴线"；

（4）重复步骤（2）、（3），分别完成墙线、门窗、家具、填充、文字、标注等图层的建立，如图 3-1-3 所示。

图 3-1-3 平面图图层设置

3.2 任务2 设置图层颜色

以颜色标识不同图层可以帮助我们轻松地区别各图层内容。点击轴线层的颜色方块，出现【选择颜色】对话框如图 3-2-1 所示，根据个人习惯选择颜色后单击确定即可，其他图层以此类推进行设置，需注意的是各个图层颜色不宜设置过于复杂，应以常用颜色为主，避免使用生僻颜色如图 3-2-2 所示。

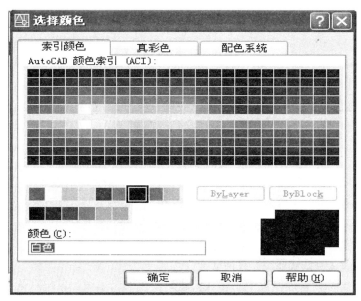

图 3-2-1 【选择颜色】对话框

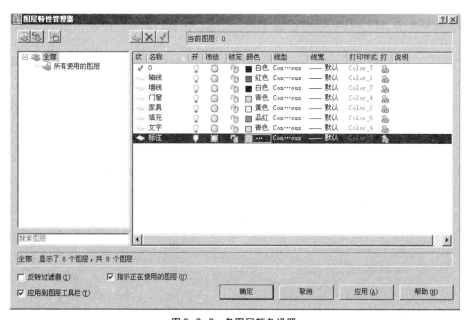

图 3-2-2 各图层颜色设置

3.3　任务3　设置图层线型

　　各个图层绘制内容不同所使用线型也会有所区别，应根据绘图实际要求设置线型。插图1-1-1中的轴线层线型应设置为点划线，在【图层特性管理器】中点击轴线层线型设置标识，弹出【选择线型】对话框，如图3-3-1所示；对话框中的默认线型为Continuous(连续)，此时单击【加载】按钮会弹出【加载或重载线型】对话框，在给出的线型中选择所需的点划线，如图3-3-2所示，单击确定回到【选择线型】对话框，此时【选择线型】对话框中显示出新加载的"CENTER2"点划线线型，如图3-3-3所示。点击此线型使其处于被选状态后按确定按钮完成设置，回到【图层特性管理器】界面，此时轴线层线型已变为点划线"CENTER2"线型，如图3-3-4所示，线型设置完成。

图3-3-1　【选择线型】对话框

图3-3-2　【加载或重载线型】对话框

图 3-3-3　加载点划线线型

图 3-3-4　显示轴线层线型为点划线

3.4　任务4　设置当前层

设置当前层是指将各图层中将要绘制的图层激活并处于可编辑状态。根据绘图规范我们首先要绘制轴线层，所以在【图层特性管理器】中单击"轴线层"使其处于被选状态，然后点击【置为当前】按钮✓，把"轴线层"置为当前使用状态，如图 3-4-1 所示；按【应用】按钮应用所做设置并结束命令。图层创建完毕后，在【图层】工具栏的下拉列表中可以看到所有已创建的图层，如图 3-4-2 所示。

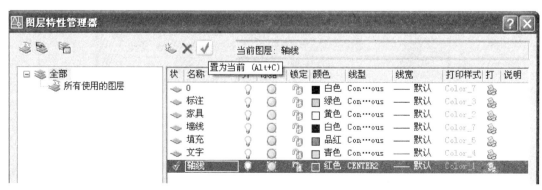

图 3-4-1　设置当前层

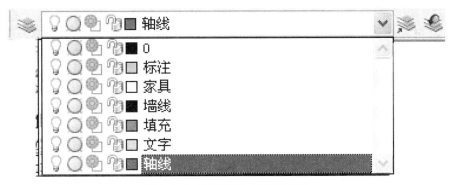

图 3-4-2 【图层】工具栏下拉列表

注：【图层管理器】其他功能：

（1）开\关图层

在 AutoCAD 绘图过程中，经常需要将部分与当前所绘制图形无关的图层关闭，以使所绘制图形更加清晰明确。如绘制建筑平面图时，可将无关的暖通、给排水等图层关闭，如不需打印某些图层，也可将这些图层关闭。开\关图层控制按钮为🔅，默认状态下为开，呈亮色显示；单击此按钮可关闭图层，按钮由亮色变为暗色🔅，其所对应图层被隐藏；再次单击此按钮可重新打开图层，被隐藏内容再次显示。如果关闭的是当前层，将会出现提示信息提示"当前图层将被关闭。是否要使当前图层保持打开状态？"，如图 3-4-3 所示，单击【否】关闭当前图层。通常在绘制图形时如出现所绘制对象不显示的问题，检查图层开\关状态即可解决。

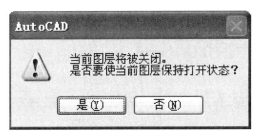

图 3-4-3 关闭当前图层

（2）锁定\解锁图层

锁定\解锁图层用于锁定和解锁指定图层上的内容，如在绘图时不需要修改或避免误改某些图层上的内容可使用此命令。单击控制按钮🔓使图标变为🔒，此时图层被锁定，图层内对象将不能被修改或编辑，但仍可在此图层内绘制新图形。再次单击按钮使图标重新恢复为🔓即解锁图层，可对图层内对象进行编辑。

（3）冻结\解冻图层

冻结\解冻图层可以说是兼具开\关图层和锁定\解锁图层的功能，其控制按钮图标分别是太阳☀和雪花❄。单击太阳图标使其变为雪花即可冻结图层，图层内容不可见也不可修改，单击雪花图标解冻图层。被冻结图层内的图形对象不能被编辑修改，而关闭图层内的图形对象可以被某些选择集命令如"all"选择并修改。

（4）打印\不打印图层

打印\不打印图层用于控制是否打印某一图层上的内容，控制按钮是打印机🖨。在【图层特性管理器】中单击某一图层的打印机按钮，使按钮图标变为🖨，则此图层在出图时不打印，再次单击该按钮使图标变回🖨，则可以打印该图层。无论如何设置"打印"设置，都不会打印处于关闭或冻结状态的图层。

课后任务练习

1. 打开 AutoCAD 软件，将当前文件命名为"练习3"并保存；

2. 参考图练习3所示洗涤盆安装示意图设置恰当的图形界限，并在【图层特性管理器】中新建相应的图层；

3. 根据需要设置所建立各图层的颜色，分别加载"点划线"线型和"虚线"线型给指定图层。

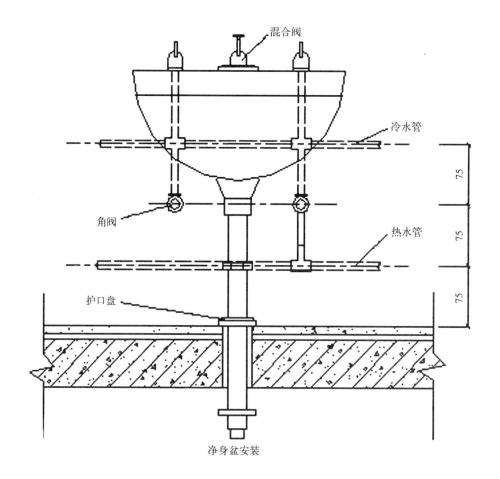

练习 3—1　洗涤盆安装示意图

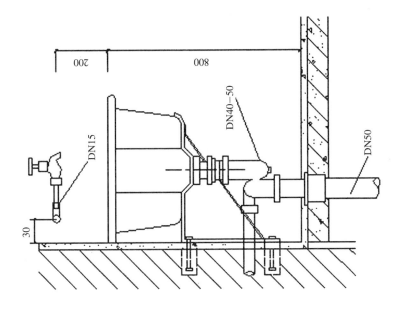

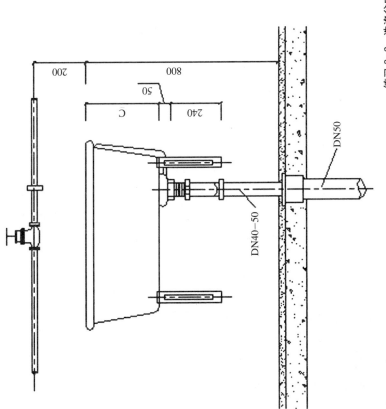

练习 3-2 洗涤盆安装示意图

项目四　绘制装饰设计图

项目目标：要求学生通过对本项目中各个任务的实际操作，了解并掌握绘制建筑装饰类平面图形的一般流程，能够熟练地使用 AutoCAD 软件的各项常用绘图与编辑、修改命令绘制指定图形内容。

4.1　任务1　绘制定位轴线

根据所给平面图插图和制图流程，首先我们要按照插图所标注尺寸绘制定位轴线，步骤如下：

（1）在轴线层为当前层前提下通过下列方式之一启动【直线】命令（该命令顾名思义，主要用来绘制不同长度的直线段）：

① 【绘图】工具栏→【直线】按钮 ；

② 【菜单】栏→【绘图】→【直线】；

③ 命令行输入 line（或快捷命令 L）回车；

按回车键后命令行出现如下提示"命令:_line 指定第一点："此时可指定直线段第一点（即线段起点）或直接回车，从上一条线或弧的末点继续绘制。

（2）在当前绘图区域内左上方任意位置确定直线段第一点并向右方拖动鼠标绘制轴线 C，根据平面图所给长宽尺寸在键盘上输入 33400，点击鼠标左键或按回车键确定直线段第二点后再点击鼠标右键确认即完成一条水平轴线的绘制（为保证所绘制轴线的水平或垂直，应在绘制直线段时启动【正交】模式将光标限制在水平或垂直轴上移动。移动光标时，不管水平轴或垂直轴哪个离光标最近，拖引线将沿着该轴移动。用户打开正交模式的方法如下：①单击状态栏右侧的【正交】按钮，按钮被按下则打开正交模式，反之则关闭。系统默认状态为关闭正交模式；②在命令行中输入 Ortho 命令，然后输入 ON 打开正交模式，输入 OFF 命令关闭正交模式；③按下键盘上的 F8 功能键，可在打开和关闭正交模式之间切换；④修改系统变量 Orthomode 的值，0 为关闭正交模式，1 为打开）。此时绘制完成的直线段如没有显示为点划线，则是因为线型比例不适合的原因。在命令行输入线型比例因子【ltscale】命令，命令行提示"输入新线型比例因子 <1.0000>："，此时输入数值 100 并回车，所绘制轴线显示为点划线，线型比例符合绘图要求。线型比例因子没有固定数值，根据绘图范围大小自行调整数值至线型符合要求即可。同理绘制轴线 1 长 15000 与水平轴线形成交叉，如图 4-1-1 所示。

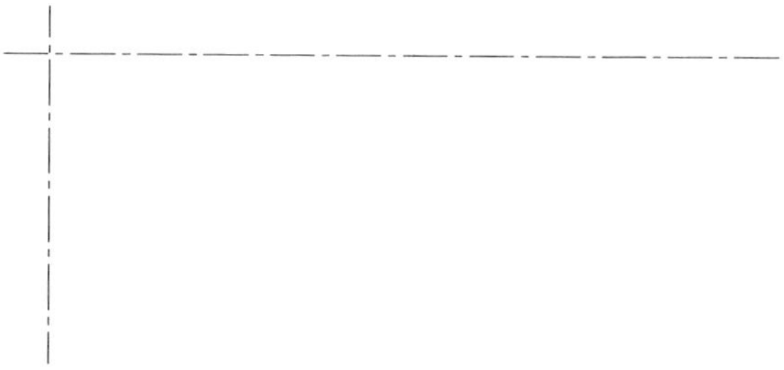

图 4-1-1　水平与垂直轴线

注：A.有时候我们需要把某一条线段（或圆弧、样条曲线、圆、椭圆和多段线）按需要分为相等距离的几部分或指定数目的几段，这时候我们则会用到【定距等分】命令【MEASURE】和【定数等分】命令【DIVIDE】。这两个命令可通过直接在命令行输入命令或点击【菜单栏】→【绘图】→【点】→【定距等分】/【定数等分】来进行启动。线段被等分后是以点标记的形式来确认等分，如果点标记显示为单点（默认设置），则有可能看不到等分间距。这时可以使用【DDPTYPE】命令或从【菜单栏】→【格式】菜单中选择【点样式】命令【PDMODE】来控制点标记的外观。例如，通过改变系统变量的值可以将点显示为十字。【PDSIZE】命令用来控制点对象的大小。

B. AutoCAD2006 系统默认执行某一命令时单击鼠标右键出现"右键快捷菜单"如图 4-1-2 所示，在此快捷菜单中可选择【确认】、【取消】等命令；将鼠标移至命令行任意位置并单击鼠标右键，在弹出的菜单中选择【选项】会弹出【选项】对话框，单击对话框上的【用户系统配置】选项卡如图 4-1-3 所示，在其子命令中选择【自定义右键单击】按钮，在弹出的【自定义右键单击】对话框中分别将【默认模式】选项卡下的第一个选项"重复上一个命令"、【编辑模式】选项卡下的第一个选项"重复上一个命令"、【命令模式】选项卡下第一个选项"确认"置为当前选项，如图 4-1-4 所示，单击【应用并关闭】回到【选项】对话框，单击【确定】结束设置，此时执行命令单击鼠标右键不会出现"右键快捷菜单"要求确认命

图 4-1-2 鼠标右键快捷菜单

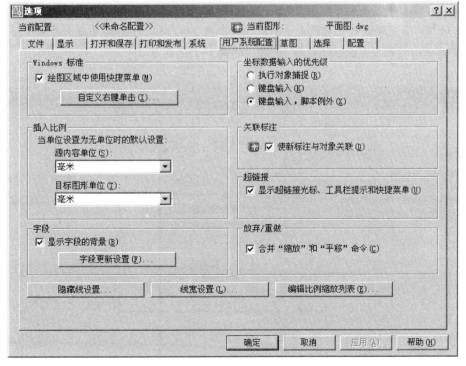

图 4-1-3 【选项】对话框

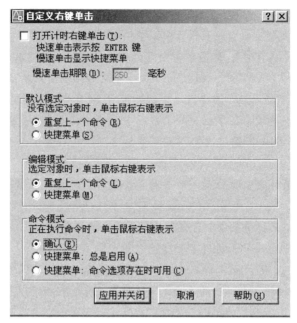

图 4-1-4 【自定义右键单击】对话框

令结束或取消，而是直接结束所执行命令。在结束上一命令的情况下单击鼠标右键，此时系统默认重复执行上一命令。使用者可根据自身绘图习惯选则上述两种鼠标右键单击模式，本教程采用第二种模式，后续不再进行专门说明。

C. 水平轴线和垂直轴线在图形整体尺寸外相互超出的部分，长度值应尽量保持一致并给图形外围图示或文字留下足够空间，以便于对图形进行规范美观的尺寸标注。图 4-1-1 中所绘制水平轴线与垂直轴线的长度就是分别在已给出的 29400 和 11000 的基础上左右、上下各超出 2000（共 4000）而得到的 33400 和 15000，如图 4-1-5 所示。

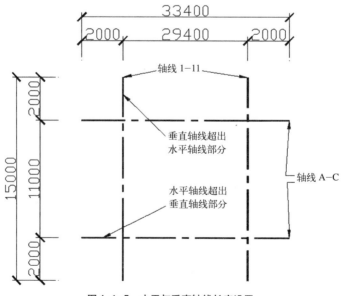

图 4-1-5 水平与垂直轴线长度设置

（3）使用【偏移】或【阵列】命令完成定位轴线绘制。

【偏移】命令是创建一个与所选定的源对象平行并保持给定距离值的新对象。直线、圆、圆弧、多段线、椭圆弧、样条曲线等对象均可被偏移。

使用【偏移】命令绘制轴线的步骤如下：

① 通过下列三种方式中的一种启动【偏移】命令：

【修改】工具栏→【偏移】按钮 ；

【菜单栏】→【修改】→【偏移】；

命令行输入 offset（或快捷命令 O）回车。

② 根据图 1-1-1 所标注尺寸按从左至右顺序首先输入偏移值 3000 然后右键（回车）确认。

③ 在图 4-1-1 的基础上首先选取要偏移的对象轴线 1，然后将鼠标置于轴线 1 的右侧以确定新对象的位置，单击左键确定。

④ 按照图 1-1-1 所标注尺寸分别偏移出剩余的轴线 2-11 如图 4-1-6 所示。

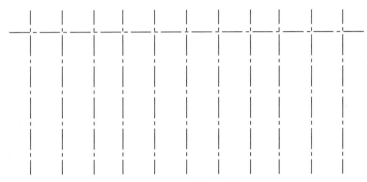

图 4-1-6　偏移垂直轴线

⑤ 同理偏移出水平轴线 B-A，与垂直轴线 1-11 共同形成"柱网"如图 4-1-7 所示。

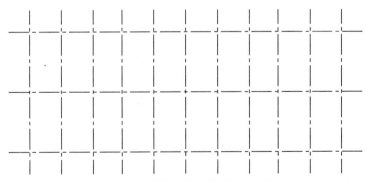

图 4-1-7　绘制完成的水平轴线与垂直轴线

【阵列】命令是复制多个对象并按照一定的距离和角度排列对象，该命令可按照矩形或环形阵列复制对象或选择集。矩形阵列时，可以控制阵列对象的行数和列数以及对象之间的角度；环形阵列时，可以控制阵列对象的数目和是否旋转对象。利用【阵列】命令绘制轴线步骤如下：

①通过下列三种方式中的一种启动【阵列】命令：

【修改】工具栏→【阵列】按钮▦；

【菜单栏】→【修改】→【阵列】；

命令行输入 array（或快捷命令 ar）回车。

②在弹出的【阵列】对话框中选择"矩形阵列"，单击【选择对象】按钮，回到绘图界面单击左键选择水平轴线 C 后右键回到【阵列】对话框，如图 4-1-8 所示。

③根据图 1-1-1 尺寸分别设置"行数"为 3、"列数"为 1、"行偏移"值为 -5500、"列偏移"为 0、"阵列角度"为 0，【阵列】对话框右侧预览窗口显示当前参数设置下的阵列效果，如图 4-1-8 所示。

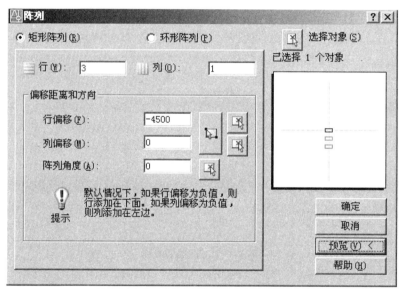

图 4-1-8 【阵列】对话框及其参数

注：使用【阵列】时，阵列的总数包括源对象，"行偏移"值和"列偏移"值为正值时向上方和右方阵列对象，为负值时向下方和左方阵列对象。

④单击【预览】观察阵列效果，点击【接受】按钮完成阵列，阵列出轴线 B-A，结果如图 4-1-9 所示，如需改变数值则点击【修改】回上一界面进行改动。

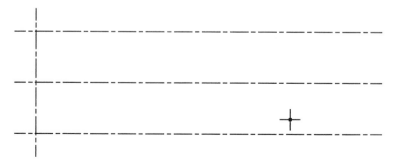

图 4-1-9 【阵列】水平轴线

⑤ 根据图 1-1-1 所标注尺寸使用【阵列】命令分批阵列出垂直轴线 1-11，结果如图 4-1-7 所示。

注：绘制对象时应根据实际情况选用【偏移】或【阵列】命令，当所绘制对象呈规则等距排列时，使用【阵列】命令将提高绘图速度；反之则应调用【偏移】命令按照不同数值偏移对象。

4.2　任务2　绘制墙线

根据所给平面图尺寸绘制好定位轴线后，以定位轴线为基准绘制主要墙线，具体步骤如下：

（1）在【图层】工具栏下拉列表中选择墙线并置之为当前层。

（2）调用【偏移】命令，将轴线 1 向左右分别偏移 120，如图 4-2-1 所示。

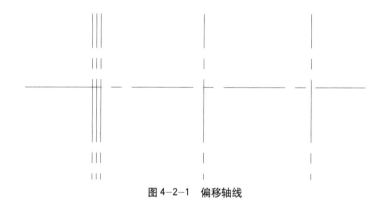

图 4-2-1　偏移轴线

（3）鼠标点击偏移出的两条点划线，使其处于被选状态，此时【图层】工具栏显示当前选择对象所属图层为轴线层，鼠标单击【图层】工具栏下拉列表选择墙线层并点击左键确认，点划线已转变为墙线，如图 4-2-2 所示。

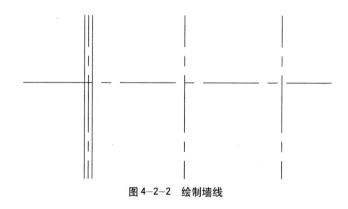

图 4-2-2　绘制墙线

（4）使用【复制】命令复制出所有纵向主要墙线。

【复制】命令用于在不同位置复制出现有对象，复制出的对象完全独立于源对象，可单独进行编辑。利用【复制】命令复制墙线步骤如下：

①通过下列三种方式中的一种启动【复制】命令：

【修改】工具栏→【复制】按钮 ；

【菜单栏】→【修改】→【复制】；

命令行输入 copy（或快捷命令 co 或 cp）回车；

②用鼠标左键选择已绘制的两条主要墙线后单击右键确认；

③打开【对象捕捉】开关，利用捕捉功能捕捉轴线 1 的上方端点，点击鼠标左键确认该点为复制基点。

④向右拖动鼠标分别捕捉轴线 2-11 上方端点并按鼠标左键确认完成纵向主要墙线复制；

⑤同理完成横向主要墙线的绘制与复制如图 4-2-3 所示，此时可使用【窗口缩放】命令放大被框选的图形局部进行观察。【窗口缩放】命令的启动方式为使用鼠标左键点击【标准】工具栏上的【窗口缩放】命令按钮 或在命令行（动态输入也可）输入字母"Z"后按空格键即可。命令启动后按住鼠标左键使用光标拖动矩形选框框选需被放大显示的图形局部，点击鼠标左键确定即可放大显示被框选部分。【窗口缩放】命令只是放大显示了图形的某一个局部，而不是对图形本身的比例大小进行了更改；

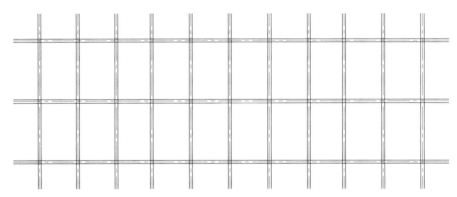

图 4-2-3　完成墙线绘制

⑥同理根据图 1-1-1 所标注小尺寸完成辅助墙线绘制如图 4-2-4 所示，注意辅助墙线宽度与主要墙线宽度的区别；

注：A. 主要墙线宽 240，辅助墙线宽 120，个别未标注小尺寸数据按建筑常用数据套用即可。辅助墙线可不完全套用轴线偏移画法，可以按例图给出的尺寸输入数值直接绘制。楼梯按国家制图标准参照建筑常用尺寸绘制即可。

B. 并不是所有图形中的墙线都要使用定位轴线定位后再偏移形成，具体绘制时要根据所给平面图形灵活选用合适命令和方法进行绘制。如图练习 4 所示，给出的主要尺寸标注均为内墙线尺寸，且图形整体相对简单，此时用定位轴线来确定并绘制墙线就显得有些繁复了，应灵活的选用【多段线】命令沿着所给尺寸绘制内墙轮廓线，绘制完成后再使用【偏移】命令将画好的内墙轮廓线整体向外偏移 240，既得到所需的平面图墙线，再用画线命令绘制好辅助墙线，平面图很快就绘制完成了。

⑦根据所给平面图尺寸使用【直线】、【偏移（或阵列）】等命令绘制楼梯如图 4-2-4 所示；

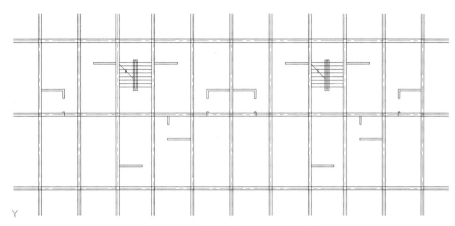

图 4-2-4 完成辅助墙线及楼梯的绘制

注：在绘图中，用鼠标这样的定点工具定位虽然方便快捷，但精度不高，绘制的图形很不精确。为了解决这一问题，AutoCAD 提供了对象捕捉、栅格显示、正交模式、极轴追踪、捕捉模式和对象追踪捕捉等一些绘图辅助功能来帮助用户精确绘图。

◆对象捕捉

对象捕捉是一个十分有用的工具，其作用是将十字光标强制性地准确定位在已存在的实体特定点或特定位置上。例如，如果要以屏幕上两条直线的一个交点为起点再画直线，就要求能准确把光标定位在这个交点上，但这仅靠视觉是很难做到的。若使用交点捕捉功能，则当光标靠近交点或掠过交点时系统会自动准确地定位到这一点上，保证了绘图的精确性。

对象捕捉的使用方式有两种：临时对象捕捉和自动对象捕捉。

临时对象捕捉方式主要有以下几种操作方法：一是单击【对象捕捉】工具栏上的按钮，如图 4-2-5 所示；另一种方法是在命令行输入捕捉类型的缩写字母，比如用户想使用中点捕捉，那么在命令行输入 Mid 命令即可。

图 4-2-5 【对象捕捉】工具栏

自动对象捕捉方式启动后在绘图过程中会一直保持对象捕捉状态，直到用户将它关闭为止。自动对象捕捉功能需要通过【草图设置】对话框来设置。在命令行输入 Dsettings 命令或在状态栏上右键单击【对象捕捉】按钮选择【设置】选项都可打开【草图设置】对话框，并同时打开【对象捕捉】选项卡，如图 1-3-26 所示。

用户可以使用下列方法打开或关闭自动捕捉模式：

①单击状态栏上的【对象捕捉】按钮，按钮陷下则激活自动对象捕捉模式，反之则关闭。系统默认状态为关闭自动对象捕捉模式。

②按下键盘上的功能键 F3，可以在打开 / 关闭自动对象捕捉模式之间切换。

③在【草图设置】对话框的【对象捕捉】选项卡中选中【启用对象捕捉】复选框，单击【确定】按钮即可启动自动对象捕捉功能。

④ 设置系统变量 Osmode 的值，1 表示打开自动对象捕捉模式，0 则是关闭自动对象捕捉模式。

对捉象捕功能与栅格捕捉不同，前者捕捉特定目标；而后者则捕捉栅格的点阵。AutoCAD2006 所提供的对象捕捉功能，均是对捕捉绘图中的控制点而言的，现介绍如下：

【端点捕捉】方式（Endpoint）

用来捕捉实体的端点，该实体可以是一段直线或一段圆弧，也可以捕捉三维实体、体和面域的边的端点。例如，捕捉轴线的端点（顶点）时，将十字光标移至需被捕捉端点所在的一侧，光标会自动捕捉它所靠近的那个端点如图 4-2-6 所示，然后单击鼠标左键确定即可。

用户在执行绘图命令时，单击【对象捕捉】工具栏上的【捕捉到端点】按钮✎，也可以在绘图命令过程中，在命令行提示"指定下一点或【放弃(U)】："时输入 End 命令，系统将提示用户选择对象然后自动捕捉到对象最近端点。用户也可在【草图设置】对话框的【对象捕捉】选项卡中选中【端点】复选框。其他对象捕捉方式操作基本相同，以下介绍时仅介绍按钮和捕捉类型的快捷命令。

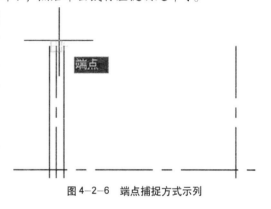

图 4-2-6　端点捕捉方式示列

【中点捕捉】方式（Midpoint）

中点捕捉方式用来捕捉一条直线或圆弧的中点。捕捉时只需将十字光标放在目标实体上即可，而不一定非放在中部。当选择样条曲线或椭圆弧时，中点捕捉方式将捕捉对象起点和端点之间的中点。如果给定了直线和圆弧的厚度，则可以捕捉对象的边的中点。

用户可以单击【对象捕捉】工具栏上的【捕捉到中点】按钮✎，也可以在绘图命令过程中，在命令行提示"指定下一点或【放弃(U)】："时输入 Mid 命令启动中点捕捉方式，如图 4-2-7 所示为使用中点捕捉方式时的捕捉提示。

【交点捕捉】方式（Intersection）

使用交点捕捉方式，可捕捉到对象的真实的交点。这些对象包括圆弧、圆、椭圆、椭圆弧、直线、多线、多段线、样条曲线或构造线。交点捕捉方式可以捕捉面域或曲线的边，可以捕捉具有厚度的对象的角点，可以捕捉块中直线段交点以及两个对象的延伸交点，但不能捕捉三维实体的边或角点。

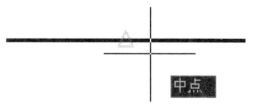

图 4-2-7　中点捕捉方式示列

用户可以单击【对象捕捉】工具栏上的【捕捉到交点】按钮✕，也可以在绘图命令过程中，在命令行提示"指定下一点或【放弃(U)】:"时输入 Int 命令启动交点捕捉方式。如图 4-2-8 所示为使用交点捕捉方式时的捕捉提示。

【外观交点捕捉】方式（Apparent Intersection）

用来捕捉两个实体的延伸交点。该交点在图上并不存在，

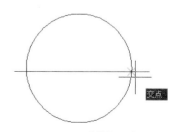

图 4-2-8　交点捕捉方式示例

而仅仅是在同一方向上延伸后得到的交点。

用户可以单击【对象捕捉】工具栏上的【捕捉到外观交点】按钮✕，也可以在绘图命令过程中，在命令行提示"指定下一点或【放弃(U)】："时输入 AppInt 命令启动外观交点捕捉方式。如图 4-2-9 所示为使用外观交点捕捉方式时的捕捉提示。

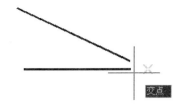

图 4-2-9　外观交点捕捉方式示列

【延伸捕捉】方式（Extension）

用来捕捉一条已知直线延长线上的点，即在该延长线上选择合适点。

用户可以单击【对象捕捉】工具栏上的【捕捉到延伸线】按钮┄，也可以在绘图命令过程中，在命令行提示"指定下一点或【放弃(U)】："时输入 Ext 命令启动延伸捕捉方式。如图 4-2-10 所示为使用延伸捕捉方式时的捕捉提示。

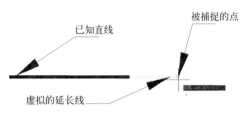

图 4-2-10　延伸捕捉方式示列

【圆心捕捉】方式（Center）

圆心捕捉方式可捕捉到圆弧、圆或椭圆的圆心。圆心捕捉方式也可以捕捉实体、体或面域中圆的圆心。图 4-2-11 为使用圆心捕捉时的捕捉提示。

用户可以单击【对象捕捉】工具栏上的【捕捉到圆心】按钮◎，也可以在绘图命令过程中，在命令行提示"指定下一点或【放弃(U)】："时输入 Cen 命令启动圆心捕捉方式。捕捉圆心时，光标不一定非要直接选取圆心部位，只要将光标移动到圆或圆弧上，光标就会自动捕捉到圆心上。

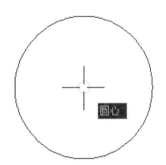

图 4-2-11　圆心捕捉方式示例

【象限点捕捉】方式（Quadrant）

使用象限点的捕捉方式，可以捕捉到圆弧、圆或椭圆的最近象限点（0°、90°、180°、270°）见图 4-2-12。圆和圆弧的象限点的捕捉位置取决于当前用户坐标系（UCS）方向。要显示象限点捕捉，圆或圆弧的法线方向必须与当前用户坐标系的 Z 轴方向一致。如果圆弧、圆或椭圆是旋转块的一部分，那么象限点也随着块旋转。

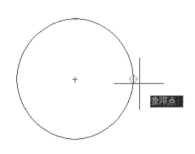

图 4-2-12　象限点捕捉方式示列

用户可以单击【对象捕捉】工具栏上的【捕捉到象限点】按钮⊕，也可以在绘图命令过程中，在命令行提示"指定下一点或【放弃(U)】："时输入 Qua 命令启动象限点捕捉方式。

【切点捕捉】方式（Tangent）

该捕捉方式可以在圆或圆弧上捕捉到与上一点相连的点，这两点相连形成的直线与圆或圆弧相切。例如，使用三点法绘制圆时，可以使用切点对象捕捉以绘制一个与其他 3 个圆都相切的圆。如果切点捕捉方式需要多个点建立相切的关系，AutoCAD 显示一个延伸的自动捕捉切点标记和工具栏提示，并提示输入第二点。要绘制与两个或三个对象相切的圆，可以使用延伸的切点创建两点或三点圆。

用户可以单击【对象捕捉】工具栏上的【捕捉到切点】按钮○，也可以在绘图命令过程中，在命令行提示"指定下一点或【放弃 (U) 】："时输入 Tan 命令启动切点捕捉方式。如图 4-2-13 所示为使用切点捕捉方式时的捕捉提示。

【垂足捕捉】方式（Perpendicular）

使用该捕捉方式可以捕捉到与圆弧、圆、构造线、椭圆、椭圆弧、直线、多线、多段线、射线、实体或样条曲线正交的点，也可以捕捉到对象的外观延伸垂足。

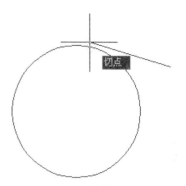

图 4-2-13　切点捕捉方式示列

用户可以单击【对象捕捉】工具栏上的【捕捉到垂足】按钮⊥，也可以在绘图命令过程中，在命令行提示"指定下一点或【放弃 (U) 】："时输入 Per 命令启动垂足捕捉方式。如图 4-2-14 所示为使用垂足捕捉方式时的捕捉提示。

【平行捕捉】方式（Parallel）

用来捕捉一点，使已知点与该点的连线与一条已知直线平行。用户可以单击【对象捕捉】工具栏上的【捕捉到平行线】按钮∥，也可以在绘图命令过程中，在命令行提示"指定下一点或【放弃 (U) 】："时输入 Par 命令启动平行线捕捉方式。如图 4-2-15 所示为使用平行捕捉方式时的捕捉提示。

图 4-2-14　垂足捕捉方式示列

【插入捕捉】方式（Insertion）

用来捕捉一个文本或图块的插入点。对于文本来说，也就是捕捉其定位点。用户可以单击【对象捕捉】工具栏上的【捕捉到插入点】按钮⊡，也可以在绘图命令过程中，在命令行提示"指定下一点或【放弃 (U) 】："时输入 Ins 命令启动插入点捕捉方式。

图 4-2-15　平行捕捉方式示列

【节点捕捉】方式（Node）

该捕捉方式可以捕捉到用 Point 命令绘制的点或用 Divide 和 Measure 命令放置的点对象。块中包含的点也可以用作快速捕捉点。

用户可以单击【对象捕捉】工具栏上的【捕捉到节点】按钮○，也可以在绘图命令过程中，在命令行提示"指定下一点或【放弃 (U) 】："时输入 Nod 命令启动节点捕捉方式。

【最近点捕捉】方式（Nearest）

使用该捕捉方式可以捕捉对象上离十字光标中心最近的点，这些对象有圆弧、圆、椭圆、椭圆弧、直线、多线、点、多段线、样条曲线或参照线等。用户有时需要某一对象上的点，但不要求其确定的位置时可以使用该捕捉方式。

用户可以单击【对象捕捉】工具栏上的【捕捉到最近点】按钮⒌，也可以在绘图命令过程中，在命令行提示"指定下一点或【放弃 (U) 】："时输入 Nea 命令启动最近点捕捉方式。

◆ 栅格和捕捉

栅格是一种可见的位置参考图标，由用户控制是否可见且不能打印出来的点构成的精确定位网格，它类似于坐标纸，有助于定位如图 4-2-16 所示。当栅格和捕捉配合使用时对于提高绘图精度有重要作用。栅格（Grid）显示的范围和用户指定的绘图界限大小有关，AutoCAD只是在绘图界限内显示栅格。使用栅格可以对齐对象并直观显示对象之间的间距。用户可以在运行其他命令的过程中打开和关闭栅格。如果要放大或缩小图形，需要重新调整栅格的间距，使其更适合新的缩放比例。栅格只显示在绘图范围界限之内，只是一种辅助定位图形，不是图形文件的组成部分，也不能被打印输出。

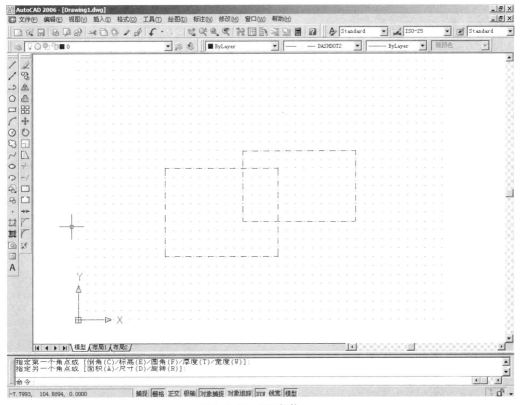

图 4-2-16 显示栅格

用户可以使用下列方式打开栅格，同样在不需要时也可关闭栅格显示：

①单击状态栏上的【栅格】按钮，如果按钮陷入，则打开栅格显示，再次单击可以关闭栅格显示。默认状态为关闭栅格显示。

②按下键盘上的 F7 键可在打开和关闭栅格显示之间切换。

③在【草图设置】对话框的【捕捉和栅格】选项卡中选中【启用栅格】复选按钮然后单击【确定】。

④使用 Ctrl+G 快捷键。

⑤在命令行输入 Grid 命令，再在提示下输入 ON 则显示栅格，输入 OFF 则关闭栅格。该命令可透明使用。

⑥在命令行输入 Gridmode 命令，再在提示下输入变量 Gridmode 的新值，值为 1 则显示栅格，为 0 则不显示栅格。

栅格如同坐标纸一样，用来精确绘制图形，用户可以调整它的间距以方便绘图。比如用户输入一些点，这些点的坐标都为 5 的倍数，那么用户可以设置栅格的横、竖间距都为 5，然后捕捉栅格上的点来输入这些点，而不必通过键盘输入坐标来输入点。此外，用户可以设置栅格的横竖间距不同以满足用户具体要求。

设置的方法有两种，一种是通过命令行输入 Grid 命令后根据提示来完成设置；另一种是通过【草图设置】对话框完成间距的设置。

在命令行设置栅格间距的操作如图 4-2-17 所示，将栅格的水平间距和垂直间距都设置为 15，单位为用户指定的绘图单位。

```
命令: grid
指定栅格间距 (X) 或 [开(ON)/关(OFF)/捕捉(S)/纵横向间距(A)] <15.0000>: a
指定水平间距 (X) <15.0000>: 20
指定垂直间距 (Y) <15.0000>: 20

命令:
```

图 4-2-17　通过命令行设置栅格间距

用户也可以在【草图设置】对话框的【捕捉和栅格】选项卡中设置栅格的密度和开关状态，如图 4-2-18 所示。在【栅格】选项组内有两个文本框，【栅格 X 轴间距】文本框用于输入栅格点阵在 X 轴方向的间距，【栅格 Y 轴间距】文本框用于输入栅格点阵在 Y 轴方向的间距。

【草图设置】对话框右下部的【捕捉类型和样式】选项组用于设置捕捉类型。

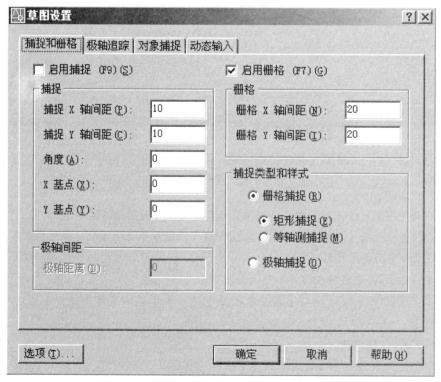

图 4-2-18　【草图设置】对话框【捕捉和栅格】选项卡

【栅格捕捉】单选按钮用来控制栅格捕捉类别,它有两个附属单选按钮:【矩形捕捉】和【等轴测捕捉】。选择前者即设置为平面图栅格捕捉方式,选择后者即设置为轴测图栅格捕捉方式。

【极轴捕捉】单选按钮用来设置极坐标捕捉方式。

栅格显示只是提供了绘制图形的参考背景,而捕捉(Snap)则是约束鼠标移动的工具。捕捉功能用于设置一个鼠标移动的固定步长,如0.5或1,从而使绘图区的光标在X轴和Y轴方向的移动总量总是步长的整数倍,以提高绘图的精度。

在一般情况下,捕捉和栅格是配合使用的。捕捉和栅格的X、Y轴间距分别相对应以保证鼠标能够捕捉到精确度位置。

当捕捉模式打开时,用户移动鼠标时会发现状态栏上的坐标显示值会有规律地变化,而鼠标指针就像有磁性一样被吸附在栅格点上。捕捉模式有助于使用键盘或定点设备来精确地定位。通过设置X轴和Y轴方向的间距可控制捕捉精度。捕捉模式有开关控制并且可以在其他命令执行时打开或关闭。

捕捉的设置在【草图设置】对话框中进行,在该对话框中的【捕捉和栅格】选项卡的【捕捉】选项组【捕捉X轴间距】文本框中设置X轴方向间距,在【捕捉Y轴间距】文本框中设置Y轴方向间距,也可在【角度】文本框中输入某个角度,并在其下的【X基点】和【Y基点】文本框中输入旋转基点,则捕捉方向和栅格都将绕基点旋转指定的角度。旋转角可指定在-90°~90°之间。正角度使栅格绕其基点逆时针旋转,负角度使栅格顺时针旋转。要沿特定的方向或角度绘制对象,就要旋转捕捉角,调整十字光标和栅格。如果正交模式是打开的,AutoCAD把光标的移动限制到新捕捉角度和与之垂直的角度上。

另外在【捕捉】选项组上方有一个【启用捕捉】复选框。选择该复选框后,单击【确定】按钮就可启动捕捉功能。捕捉间距不需要和栅格间距相同,可设置较宽的栅格间距作为参考,同时使用较小的捕捉间距以保证定位点时的精确性。栅格间距可以小于捕捉间距,也可在命令行输入Snap命令来设置栅格捕捉的间距。

设置完捕捉间距后,用户可以像使用正交那样打开或关闭捕捉模式。切换捕捉模式的方法如下:

①单击状态栏上的【捕捉】按钮。当按钮陷入时则打开捕捉模式,再次单击则恢复原来状态。系统默认模式为关闭;

②按下F9功能键在开/关捕捉模式之间切换;

③在【捕捉和栅格】选项卡中选中【启用捕捉】复选框,单击【确定】按钮启动捕捉功能;

④在命令行输入Snap命令,再在提示下输入ON则打开捕捉模式,输入OFF则是关闭捕捉模式。该命令可透明使用;

⑤在命令行输入Snapmode命令,可变更系统变量Snapmode的值。值为1表示打开捕捉模式,为0表示关闭捕捉模式。

在命令行输入Snap命令后,除了【开】、【关】和【纵横间距】选项之外,用户还可看到有【旋转】、【样式】和【类型】3个选项。其中【旋转】选项要求用户指定一个基点并输入捕捉方向和栅格绕基点旋转的角度;【样式】选项是设置栅格捕捉样式:是选择标准的矩形(平面)栅格捕捉的方式还是选择轴测图栅格捕捉方式;【类型】选项是选择捕捉类型,决定是极轴追踪捕捉还是按栅格捕捉。

对象捕捉追踪

对象捕捉追踪是 AutoCAD 提供的可以进行自动追踪的辅助绘图工具选项。所谓自动追踪就是指 AutoCAD 可以自动追踪记忆同一命令操作中光标所经过的捕捉点，从而以其中某一捕捉点的 X 或 Y 坐标控制用户所需要选择的定位点。自动追踪可以用指定的角度绘制对象，或者绘制与其他对象有特定关系的对象。当自动追踪打开时，临时的对齐路径有助于以精确的位置和角度创建对象。

启动对象捕捉追踪的方法有以下几种：

①按下键盘上的功能键 F11。

②单击状态栏上的【对象追踪】按钮。

③在【草图设置】对话框的【对象捕捉】选项卡中进行设置。在该选项卡的右上角有一个【启用对象捕捉追踪】复选框，选择该复选框即可执行自动追踪功能。

用户在启动对象捕捉追踪后，可以执行一个绘图命令，还可以将对象捕捉追踪与编辑命令一同使用，然后将鼠标指针移动到一个对象捕捉点处作为临时获取点（不用单击，只要暂时停顿即可获取）。获取点之后，当在绘图路径上移动鼠标指针式时，相对点的水平、垂直或极轴对齐路径将显示出来。例如使用了垂足或切点，AutoCAD 就追踪到与选定的对象垂直或相切的方向对齐路径。将鼠标指针移回到点的获取标记处。每个新命令的提示也会自动清除已获取的点。另外在状态栏上单击【对象追踪】开关按钮也可清除已获取的点。

极轴追踪

使用极轴追踪，光标将按指定角度进行移动。使用"极轴捕捉"，光标将沿极轴角度按指定增量进行移动。使用极轴追踪（Polar）时，对齐路径是由相对于命令起点和端点的极轴角定义的。极轴追踪的极轴角增量可以在【草图设置】对话框的【极轴追踪】选项卡中设置，如图 4-2-19 所示。在【极轴角设置】选项区【增量角】下拉列表中可选择 90°、60°、45°、30°、22.5°、18°、15°、10° 和 5° 的极轴角增量进行极轴追踪。

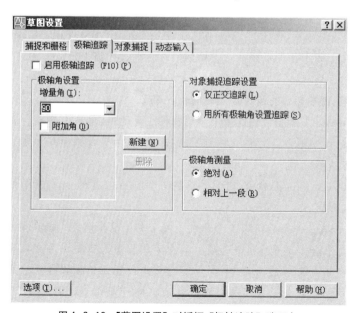

图 4-2-19　【草图设置】对话框【极轴追踪】选项卡

启动极轴追踪的方法有：

①用户可以单击状态栏右侧的【极轴】按钮，按钮被按下打开极轴追踪，再次单击则关闭。系统默认模式为关闭极轴追踪。

②按下键盘上的F10功能键，可在关闭和打开极轴追踪之间切换。

③在【草图设置】对话框【极轴追踪】选项卡中进行设置。在该选项卡的左上角有一个【启用极轴追踪】复选框，选择该复选框即可执行极轴追踪功能。

使用极轴追踪时用户首先打开【极轴追踪】并启动一个绘图命令，如绘制圆弧、圆或绘制直线命令。也可以将极轴追踪与编辑命令结合使用，如复制和移动对象命令。系统将提示用户选择一个起点和端点。如果鼠标指针移动时接近极轴角，将显示对齐路径和工具栏提示。默认角度值为90°。可以使用对齐路径和工具栏提示绘制对象，与交点或外观交点一切使用极轴追踪，可以找出极轴对齐路径与其他对象的交点。

我们还可以为点在命令行中指定输入极轴追踪角。要输入一个极轴代替角度，可以在命令提示指定点时输入角度值，并在角度前添加一个尖括号（<）。

4.3　任务3　编辑整理墙线

根据所给平面图对已绘制好的墙线进行整理和编辑，具体步骤如下：

（1）在【图层】工具栏下拉列表中关闭轴线层使之隐藏不能被编辑和修改。

（2）使用【修剪】　命令修剪墙线。

【修剪】命令是AutoCAD绘图中的常用命令，可使用该命令按照选定的边界将图形中不需要的部分去掉。

使用【修剪】命令修正墙线步骤如下：

①通过下列三种方式中的一种启动【修剪】命令：

【修改】工具栏→【修剪】按钮　；

【菜单栏】→【修改】→【修剪】；

命令行输入 trim（或快捷命令 tr）回车。

②指定修剪边界。

在对墙线进行编辑时首先需要指定修剪边界，所指定的修剪边界与被修剪对象可以是相交接或不相交接，也可以将对象修剪到投影边或延长线交点。修剪边界可以是一个或多个（激活命令后直接按回车键或鼠标右键，或输入快捷命令 tr 后直接按两下空格键可将图形中全部对象均视为修剪边界），而且修剪边界同时也可作为被修剪对象。

此处我们根据需要使用鼠标左键首先选择图形最上方外侧墙线为修剪边界，使其呈虚线显示，如图 4-3-1 所示。

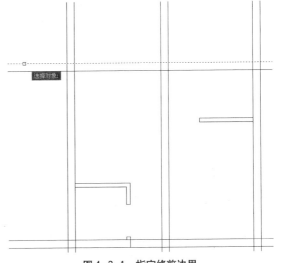

图 4-3-1　指定修剪边界

③选择需修剪的对象。

在上一步的基础上单击鼠标右键，命令提示行和动态输入都会出现"选择要修剪的对象，或按住 Shift 键选择要延伸的对象，或 [栏选 (F)/ 窗交 (C)/ 投影 (P)/ 边 (E)/ 删除 (R)/ 放弃 (U)] ："的提示如图 4-3-2 所示，此时可直接选择需要修剪对象或指定一种对象选择方式来选择要修剪的对象。

注：A. 选项中的"栏选 (F)/ 窗交 (C)"是构造集的选择方式，在修剪模式下，除通过鼠标直接拾取修剪对象外，还可通过栏选或窗交的方式选择需修剪的对象如图 4-3-3、图 4-3-4 所示。

B. 选项中的"投影（P）"是指以三维空间中的对象在二维平面上的投影边界作为修剪边界，可以指定 UCS 或视图为投影水平面。

C. 选项中的"边 (E)"包含"延伸"与"不延伸"两个选择，其中"延伸"是指延伸边界，被修剪的对象以延伸的边界为准进行修剪，"不延伸"则意味着被修剪的对象仅在与修剪边界相交接时才可进行修剪。

④根据所给平面图综合使用上述命令完成对墙及楼梯的修剪整理，结果如图 4-3-5 所示。

注：在 CAD 绘图中，与【修剪】命令的功能刚好相反的是【延伸】命令 ，该命令可以将所选择对象精确地延伸到指定目标的边界。

使用【延伸】命令步骤如下：

①通过下列三种方式中的一种启动【延伸】命令：

【修改】工具栏→【延伸】按钮；

【菜单栏】→【修改】→【延伸】；

命令行输入 extend（或快捷命令

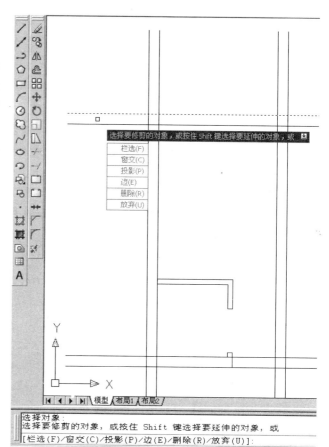

选择对象：
选择要修剪的对象，或按住 Shift 键选择要延伸的对象，或
[栏选(F)/窗交(C)/投影(P)/边(E)/删除(R)/放弃(U)]：

图 4-3-2　选择修剪方式

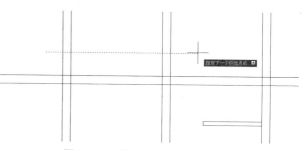

图 4-3-3　栏选方式选择修剪对象

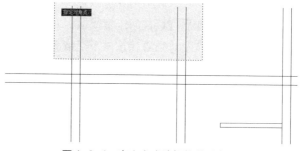

图 4-3-4　窗交方式选择修剪对象

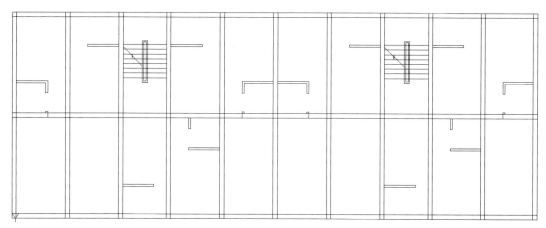

图 4-3-5 根据需要进行修剪整理后的图形

ex）回车。

②指定延伸的目标。

在执行【延伸】命令时首先需要指定延伸的目标，可以指定一个或多个对象为延伸的目标（激活命令后直接按回车键或鼠标右键，或输入快捷命令 ex 后直接按两下空格键可将图形中全部对象均视为延伸目标的边界），延伸的目标本身也可作为被延伸的对象。

③选择需延伸的对象。

在指定延伸的目标后单击鼠标右键确定，命令提示行和动态输入都会出现"选择要延伸的对象，或按住 Shift 键选择要修剪的对象，或 [栏选 (F)/ 窗交 (C)/ 投影 (P)/ 边 (E)/ 放弃 (U)]:"的提示，此时可直接选择需要延伸的对象或指定一种对象选择方式来选择要延伸的对象，其中"栏选 (F)/ 窗交 (C)"是构造集的选择方式，"投影（P）"是指以三维空间中的对象在二维平面上的投影边界作为延伸边界，可以指定 UCS 或视图为投影水平面，"边 (E)"包含"延伸"与"不延伸"两个选择，其中"延伸"是指延伸边界，被延伸的对象以延伸的边界为准进行延伸，"不延伸"则意味着被延伸的对象仅在与边界相交接时才可进行延伸。延伸方向为靠近需延伸对象被拾取点的一端。

4.4 任务4 绘制门窗

根据所给平面图在指定位置绘制门窗，具体步骤如下：

（1）门的绘制：

①根据所给平面图，利用直线命令在需要绘制门的位置从门的一个端点沿墙线向另一端点方向绘制长度为 1000 的直线，以界定门洞长度，如图 4-4-1 所示；然后绘制出门洞边线，如图 4-4-2 所示；修剪掉不需要的线后即形成门洞，如图 4-4-3 所示（也可选择一条与门所在墙体垂直且通过门的一个端点的直线，使其向门的延伸方向偏移 1000，如图 4-4-4 所示；然后修剪掉不需要的部分完成门洞绘制。绘制门洞的方法很多，可根据自身掌握情况选用）。

②根据上述方法完成所有门洞的绘制，如图 4-4-5 所示（可同时绘制窗洞）。

③在【图层】工具栏下拉列表中将"门窗"层切换为当前层。

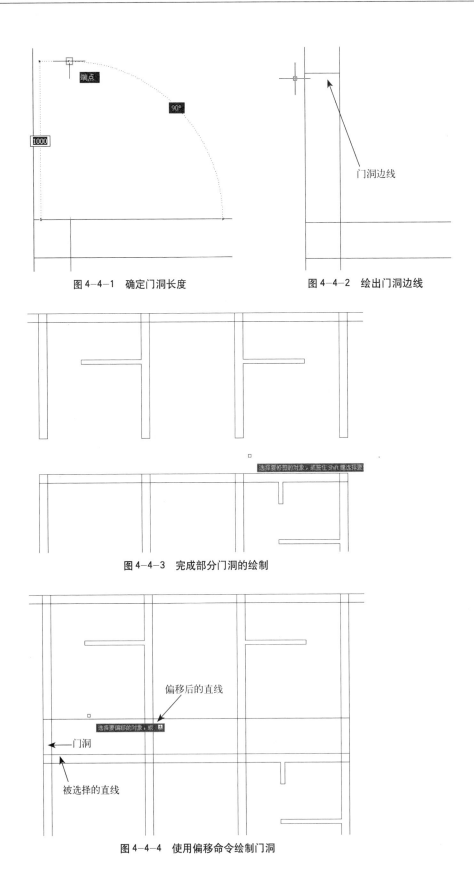

图 4-4-1   确定门洞长度   图 4-4-2   绘出门洞边线

图 4-4-3   完成部分门洞的绘制

偏移后的直线

门洞

被选择的直线

图 4-4-4   使用偏移命令绘制门洞

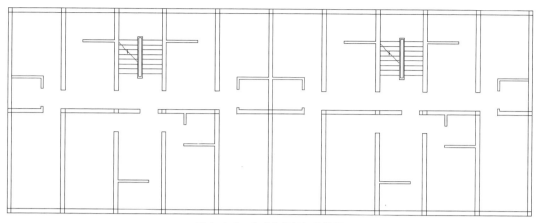

图 4-4-5　完成全部门洞的绘制

④使用【矩形】命令▭或【多段线】命令↵绘制长宽分别为 950 和 50 的矩形（如以单一直线代表门，则直接使用直线命令绘制即可）。

矩形是最常用的几何图形，我们可以通过指定矩形的两个对角点来创建矩形，绘制好的矩形是一个整体。调用【矩形】命令的方式有三种：

【绘图】工具栏→【矩形】按钮▭；

【菜单栏】→【绘图】→【矩形】；

命令行输入 rectang（或快捷命令 rec）回车；

调用命令后提示行显示"指定第一个角点或 [倒角 (C)/ 标高 (E)/ 圆角 (F)/ 厚度 (T)/ 宽度 (W)]:"

此时任意位置指定矩形的第一个角点，命令提示行显示"指定另一个角点或 [面积 (A)/ 尺寸 (D)/ 旋转 (R)]:"

输入字母 D 回车，按提示分别输入长度 950 和宽度 50 即可完成所需矩形绘制，如图 4-4-6 所示。

注：A. 绘制带有倒角的矩形时，命令行显示"指定第一个角点或 [倒角 (C)/ 标高 (E)/ 圆角 (F)/ 厚度 (T)/ 宽度 (W)]:"时输入字母 C 回车，然后分别设置第一和第二个倒角距离，完成设置后再在"[倒角 (C)/ 标高 (E)/ 圆角 (F)/ 厚度 (T)/ 宽度 (W)]:"提示下指定矩形的两个对角点，即完成带有倒角的矩形绘制。

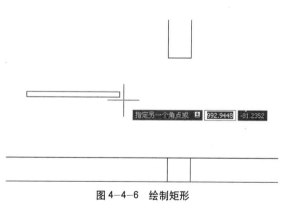

图 4-4-6　绘制矩形

B. 绘制带有圆角的矩形时，命令行显示"指定第一个角点或 [倒角 (C)/ 标高 (E)/ 圆角 (F)/ 厚度 (T)/ 宽度 (W)]:"时输入字母 F 回车，然后指定矩形的圆角半径，完成设置后再在"[倒角 (C)/ 标高 (E)/ 圆角 (F)/ 厚度 (T)/ 宽度 (W)]:"提示下指定矩形的两个对角点，即完成带有圆角的矩形绘制。

C. 根据矩形面积绘制矩形时，首先指定矩形的第一个角点，在命令提示行显示"指定另一个角点或 [面积 (A)/ 尺寸 (D)/ 旋转 (R)]:"时输入字母 A 回车，然后在"输入以当前单位计算的矩形面积 <100.0000>:"的提示下输入需绘制矩形的面积值，接着在"计算矩形标注时依据 [长度 (L)/ 宽度 (W)] < 长度 >:"提示下选择依据长还是宽绘制矩形并给出相应数值即可。

D. 确认矩形的第一个角点后，在命令提示行显示"指定另一个角点或 [面积 (A)/ 尺寸 (D)/ 旋转 (R)]:"时输入字母 R 回车，在"指定旋转角度或 [拾取点 (P)] <0>:"提示下输入需旋转角度即可绘制出带有角度的矩形。

多段线与直线相似，区别在于多段线具有编辑功能，由它组成的图形是一个独立个体，而直线组成的图形则反之。【多段线】命令 ⤴ 启动的方式有三种：

【绘图】工具栏→【多段线】按钮 ⤴ ；

【菜单栏】→【绘图】→【多段线】；

命令行输入 pline（或快捷命令 pl）回车。

命令启动后任意位置确定线段起点，命令提示行显示"指定下一个点或 [圆弧 (A)/ 半宽 (H)/ 长度 (L)/ 放弃 (U)/ 宽度 (W)]:"此时按照所给长宽数据顺序绘制矩形的四个边即可，也可绘制完成第三条边后按字母 C 后空格，系统将自动绘制最后一条边并闭合图形，所得矩形以单独一个整体的形式存在。

注：A. 圆弧 (A) 表示将画线方式转换为弧线方式，将弧线段加入多段线中；

闭合 (C) 表示当绘制两条以上多段线或弧线时此命令可自动封闭多段线；

半宽 (H) 表示多段线的半宽度，数值输入一般即可；

长度 (L) 表示在与上一线段角度相同的方向上继续绘制指定长度的线段；

放弃 (U) 表示放弃上一步或数步命令操作；

宽度 (W) 表示可以设置多段线起点和终点宽度以绘制特定形状图形，我们可以利用该命令选项给楼梯绘制上下箭头指示符。

B. 当现有多段线的各项可编辑属性不满足绘图需要时，我们可以通过调用【编辑多段线】命令 ⤴ 来调整所绘制多段线。【编辑多段线】命令的启动方式如下：

【修改Ⅱ】工具栏→【编辑多段线】按钮 ⤴ ；

【菜单栏】→【修改】→【对象】→【多段线】；

命令行输入 pedit（或快捷命令 pe）回车；

选择要编辑的多段线 → 单击鼠标右键 → 快捷菜单 →【编辑多段线】；

【编辑多段线】命令启动后，按提示选择一条或多条多段线后，动态输入和命令提示行都会显示"输入选项 [闭合 (C)/ 合并 (J)/ 宽度 (W)/ 编辑顶点 (E)/ 拟合 (F)/ 样条曲线 (S)/ 非曲线化 (D)/ 线型生成 (L)/ 放弃 (U)]:"等选项，输入相应字母即可编辑多段线。

闭合 (C) 表示将被编辑的多段线封闭，而当多段线闭合时系统提示会出现"打开 (O)"选项用来将被编辑的闭合多段线转换为开放的多段线；

合并 (J) 表示将首尾相连接的直线、圆弧和多段线合并为一条多段线；

宽度 (W) 表示可以设置一个新的宽度给整个多段线；

编辑顶点 (E) 表示对多段线的各个顶点进行编辑已达到定点的删除、插入、移动、改变切线方向等操作；

拟合 (F) 表示用圆弧来拟合多段线，所用曲线通过多段线的所有顶点并服从指定的切线方向；

样条曲线 (S) 表示使选定多段线的顶点作为近似 B 样条曲线的曲线控制点或控制框架以生成曲线；

非曲线化 (D) 表示删除由拟合曲线或样条曲线插入的多余顶点，拉直多段线的所有线段。保留指定给多段线顶点的切向信息，用于随后的曲线拟合；

线型生成 (L) 表示生成经过多段线顶点的连续图案线型。关闭此选项，将在每个顶点处以点划线开始和结束生成线型。"线型生成"不能用于带变宽线段的多段线。

放弃 (U) 表示撤销所执行过的操作，可一直返回至初始状态；

此外 AutoCAD2006 以上版本还含有"反转（R）"选项，表示通过反转方向来更改指定给多段线的线型中的文字的方向。

⑤使用【移动】命令 ✛ 将矩形移动到指定位置。

通过以下三种方式调用【移动】命令：

【修改】工具栏→【移动】按钮 ✛ ；

【菜单栏】→【修改】→【移动】；

命令行输入 move（或快捷命令 m）回车。

调用移动命令后选择所绘制矩形并右键确认，然后选择矩形右下方角点为基点将矩形移动至所选门洞边线中点位置，如图 4-4-7 所示。

注：请注意【移动】命令与【实时平移】命令之间的区别。【移动】命令改变了被移动图形单位在绘图空间或图纸空间中的实际位置，而【实时平移】命令则是移动的是整个视图，并不改变各个图形单位在绘图空间或图纸空间中的实际位置。

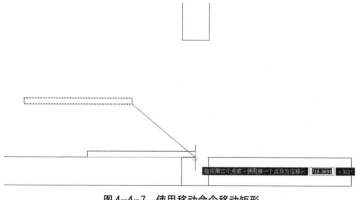

指定第二个点或 <使用第一个点作为位移>: 718.3691 < 321°

图 4-4-7　使用移动命令移动矩形

⑥使用【圆弧】命令 ⌒ 绘制弧线。

圆弧是圆的一部分，用户可以使用多种方法绘制圆弧。启动【圆弧】命令方式如下：

【绘图】工具栏→【圆弧】按钮 ⌒ ；

【菜单栏】→【绘图】→【圆弧】；

命令行输入 arc(或快捷命令 a) 回车；

启动【圆弧】命令后，用鼠标左键利用自动捕捉功能确认矩形左上方端点为圆弧起点，然后拖动鼠标至矩形对面门洞边线中点单击鼠标指定该点为圆弧第二个点，接着向右捕捉到门洞的端点单击鼠标确认完成弧线绘制，如图4-4-8所示。

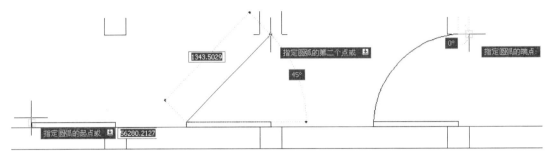

图4-4-8　使用【圆弧】命令绘制弧线过程

注：A. 在【菜单栏】→【绘图】→【圆弧】子菜单中共有11种圆弧绘制方式，如图4-4-9所示，我们应该在绘制弧线时根据所给出的条件灵活选择绘制方式绘制圆弧。

B. 除使用【圆弧】命令绘制弧线外，我们还可以使用【圆】命令绘制弧线。启动【圆】命令的方式如下：

【绘图】工具栏→【圆】按钮◎；

【菜单栏】→【绘图】→【圆】；

命令行输入 circle(或快捷命令 c) 回车。

启动命令后提示行显示"_circle 指定圆的圆心或 [三点 (3P)/两点 (2P)/ 相切、相切、半径 (T)]:"此时指定已有矩形右上方端点为圆心并确认，然后拖动鼠标至矩形对面门洞边线中点单击鼠标左键以指定圆的半径并完成圆的绘制（直接在动态输入或命令提示行中键入半径值 950 亦可)，如图4-4-10所示；使用【修剪】命令去掉不需要的部分即可得到所需弧线。

图4-4-9　圆弧的11种绘制方式

在【菜单栏】→【绘图】→【圆】子菜单中共有6种圆绘制方式，如图4-4-11所示，我们应该在绘制圆时根据所给出的条件灵活选择绘制方式绘制圆。

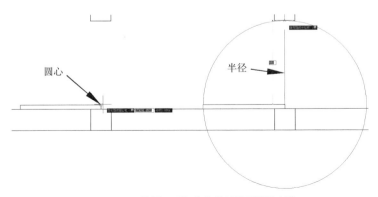

图4-4-10　使用【圆】命令绘制所需弧线步骤

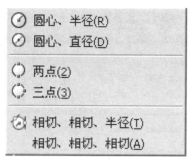

图 4-4-11　圆的 6 种绘制方式

⑦同理绘制出图形中所有的门（推拉门除外），如图 4-4-12 所示。

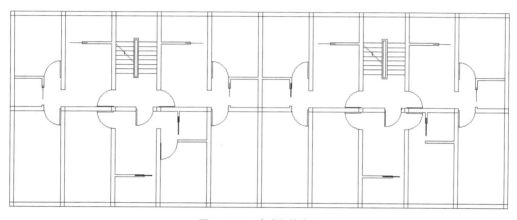

图 4-4-12　完成门的绘制

注：每个门都使用矩形加弧线的绘制方式在理论上是没有任何问题的，但在实践操作中除了第一个门使用这种方法外，如果剩下的所有门也使用这种方法，必然会加大我们的绘图工作量，延长绘图时间，这是我们不愿看到和需要避免的情况。所以为了节约时间，提高绘图效率，我们可使用【创建块】、【插入块】、【镜像】、【旋转】、【复制】等命令辅助我们快速完成其余门的绘制任务。

A. 使用【创建块】命令将画好的门转换为块。

在装饰设计及制图中，会有很多图形单位会被不断地重复使用，例如，我们上步中所绘制的由矩形和弧线所组成的门，如果每个门都重新绘制一遍的话是没有必要的，AutoCAD 系统中可以将相互关联的对象定义为一个整体出现，这个整体即为块。块使用前我们首先要创建块。

用户可以通过以下三种方式调用【创建块】命令：

【绘图】工具栏→【创建块】按钮 ；

【菜单栏】→【绘图】→【块】→【创建】；

命令行输入 block(或快捷命令 b) 回车。

调用命令后系统弹出【块定义】对话框，在【名称】下拉列表框中输入"单扇门"作为块的名称，在【设置】选项区的【块单位】下拉列表框中选择"毫米"作为单位，如图 4-4-13 所示。

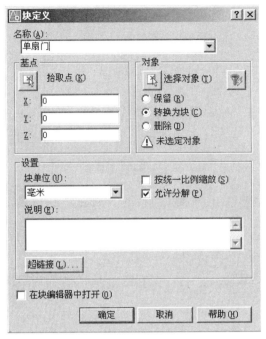

图4-4-13　块定义对话框图

在【基点】选项区中单击【拾取点】按钮，选择组成门的矩形的右下方端点为块的插入基点，如图4-4-14所示（如不选择基点则系统默认坐标原点为插入基点，这种情形下组成块的对象距离坐标原点有多远，块被插入时就会跑多远）。

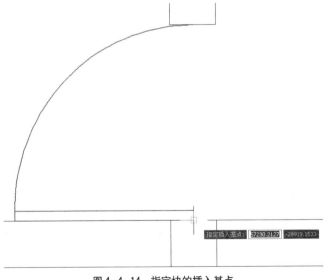

图4-4-14　指定块的插入基点

在【对象】选项区中单击【选择对象】按钮，选择组成块的矩形和弧线然后右键确认，回到【块定义】对话框，如图4-4-15所示。

确认在【块定义】对话框【对象】选项区中"转换为块"为当前选项（"保留"选项是指

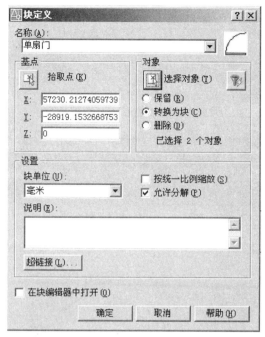

图 4-4-15 设置好块名称、插入基点、选择对象后的对话框

创建块后用来创建块的原始对象依然保留在原来的位置，且仍是零散的单独个体；"转换为块"选项是指将创建块的原始对象直接转换为刚刚定义的块，插入位置就在原来的位置；"删除"选项是指完成块的创建后删除用来创建块的原始对象），单击【确定】完成【创建块】命令。

在命令行输入字母"W"后按回车键启动【写块】对话框，【写块】与【创建块】的区别在于使用【创建块】命令绘制的块只能在当前图形中使用，一旦当前图形关闭或结束后所创建的块将不再存在，也不能够再被调用；而使用【写块】命令绘制的块则可以指定文件名和保存路径，无论什么时候都可以随时调用。

B. 使用【插入块】命令将创建好的门插入当前图形中。

通过以下方式启动【插入块】命令：

【绘图】工具栏→【插入块】按钮；

【菜单栏】→【插入】→【块】；

命令行输入 insert(或快捷命令 i) 回车。

调用【插入块】命令后系统弹出【插入】对话框，在【名称】下拉列表框中选择刚才所建立的块"单扇门"使其处于被选择状态（如需插入的块不在下拉式列表中，则单击旁边的【浏览】按钮在其他位置指定需插入的块），这时在右侧预览区内可预览块的形态。

因为要直接在图形中指定插入点，所以在【插入点】选项区中勾选"在屏幕上指定"选项；块插入的比例为原大小插入，所以保持【缩放比例】选项区中的各项值不变；在【旋转】选项区中将"角度"设置为 90，如图 4-4-16 所示。

单击【确定】按钮，命令行提示"指定插入点或 [基点 (B)/ 比例 (S)/X/Y/Z/ 旋转 (R)/ 预览比例 (PS)/PX/PY/PZ/ 预览旋转 (PR)]:"此时选取需插入门的门洞边线中点完成块的插入如图 4-4-17 所示，同理可绘制出图形中其他的门。

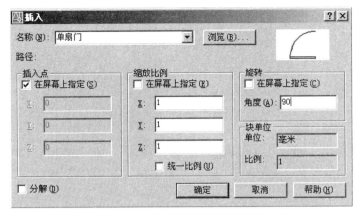

图 4-4-16　块【插入】对话框

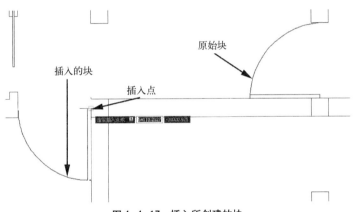

图 4-4-17　插入所创建的块

C. 使用【镜像】命令将创建好的门复制到当前图形中。

【镜像】命令用于创建轴对称的图形，利用这个功能，我们只需要绘制部分图形，通过镜像就可快速生成整个图形（可使用镜像命令重新绘制轴线及墙线的一半，然后镜像成整个图形）。

用户调用【镜像】命令的方式如下：

【修改】工具栏→【镜像】按钮 ；

【菜单栏】→【修改】→【镜像】；

命令行输入 mirror(或快捷命令 mi) 回车；

调用命令后选择已绘制的门为镜像对象并回车确认；

指定墙的中线上的任一点为镜像线（即轴）的第一点，根据门的方向再指定镜像线的第二点，如图 4-4-18 所示。

命令提示行显示"要删除源对象吗？ [是 (Y)/ 否 (N)] <N>:"维持系统默认选项并单击鼠标右键确认即完成对门的镜像复制。

同理可复制出图形中其他的门。

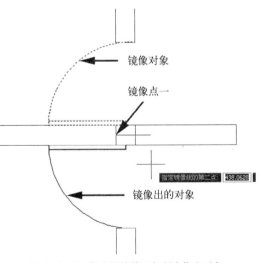

图 4-4-18　指定镜像线以复制出指定对象

要处理文字对象的镜像特性，则使用 MIRRTEXT 系统变量。MIRRTEXT 默认设置是 1（开），这将导致文字对象同其他对象一样被镜像处理。MIRRTEXT 设置为关 (0) 时，文字将不进行反转。

D. 使用【旋转】命令将创建好的门旋转并复制到当前图形中。

【旋转】命令用于按一定的角度旋转指定的图形，用户调用【旋转】命令的方式如下：

【修改】工具栏→【旋转】按钮 ；

【菜单栏】→【修改】→【旋转】；

命令行输入 rotate(或快捷命令 ro) 回车。

用户调用命令后首先选择需旋转的对象并单击鼠标右键确认，然后指定旋转基点（即选择对象旋转时所依据的圆心点），如图 4-4-19 所示。

确认基点后，命令提示行显示"指定旋转角度，或 [复制 (C)/ 参照 (R)] <0>:"

在命令行输入字母"C"回车启动复制命令（如不选择复制选项则直接旋转所选对象本身）；

在"指定旋转角度，或 [复制 (C)/ 参照 (R)] <0>:"提示下拖动鼠标或输入旋转角度 90 度并确认以达到所需效果，如图 4-4-20 所示（在关闭【正交】的情况下可绕指定的基点 360 度旋转，在输入角度值的情况下，正值绕基点逆时针方向旋转，负值则绕基点顺时针方向旋转）；

单击鼠标左键确认完成旋转复制，使用【移动】命令将复制出的门移动到指定位置，如图 4-4-21 所示；

同理可旋转复制出图形中其他的门。

(2) 窗户的绘制：

①将图层切换回墙层，根据绘制门洞的方法按所给尺寸同理绘制窗洞，如图 4-4-22 所示。

②将图层切换回门窗层，使用直线命令在窗洞任一侧边线上捕捉离边线中点较近的一点并确认如图 4-4-23，然后

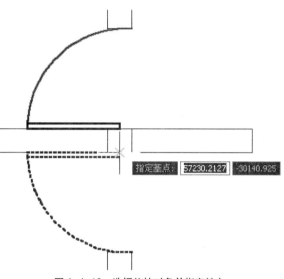

图 4-4-19　选择旋转对象并指定基点

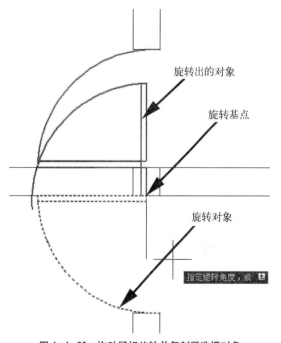

图 4-4-20　拖动鼠标旋转并复制所选择对象

向对应的另一侧边线拖动找到交点结束命令，如图4-4-24所示。

③使用【镜像】命令以两侧窗洞线中点连线为镜像轴镜像已绘制的窗线，如图4-4-25所示，完成一扇窗的绘制。

④根据上一步同理完成所有窗的绘制并利用【多段线】命令绘制楼梯上下指示符，如图4-4-26所示。

注：所给图形中的窗基本一致，所以绘制完一个窗后其他的均可使用【复制】和【镜像】命令进行绘制以提高绘图速递。

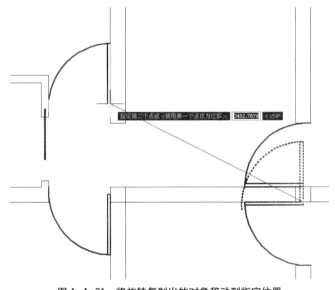

图4-4-21 将旋转复制出的对象移动到指定位置

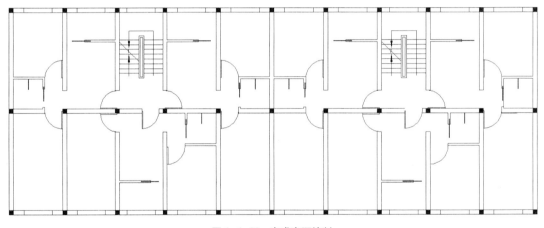

图4-4-22 完成窗洞绘制

图4-4-23 捕捉窗线端点

图4-4-24 绘制窗线

图4-4-25 绘制窗户

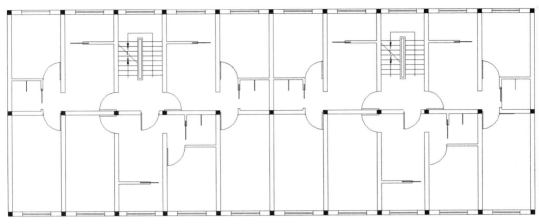

图 4-4-26 完成门窗的绘制

4.5 任务5 绘制家具

家具是建筑装饰设计平面图中常见的简易示意图形，包含厨房家具、客厅家具、卧室家具、书房家具、卫生间家具等。家具图形大部分是由线条、矩形、圆、椭圆、弧线等基本图元组合编辑而成，我们只需按照家具外观尺寸的一般性通用数据绘制即可，具体步骤如下：

（1）在【图层】工具栏下拉列表中将"家具"层切换为当前层。

（2）绘制厨房家具水槽：

①绘制一个 400×480 的矩形；

②用户通过以下方式启动【圆角】命令为矩形倒出圆角：

【修改】工具栏→【圆角】按钮 ；

【菜单栏】→【修改】→【圆角】；

命令行输入 fillet（或快捷命令 f）回车；

在"选择第一个对象或 [放弃 (U)/ 多段线 (P)/ 半径 (R)/ 修剪 (T)/ 多个 (M)]:"提示下输入字母"R"回车；

指定圆角半径为 60 后单击鼠标右键确认；

分别点选矩形组成角的两个边，完成倒圆角命令，如图 4-5-1 所示（也可在绘制矩形时直接设置矩形的"圆角"数值绘制直接带有圆角或倒角的矩形）。

③使用【复制】命令水平复制出另一个矩形，两者相距 80，然后绘制一个 500×1100 的矩形将上步所绘制两个圆角矩形包含在内，并在每个矩形的中间绘制一个半径为 20 的圆，组成水槽基本形状，如图 4-5-2 所示。

④使用【椭圆】和【圆】命令绘制水龙头。

在两个水槽中间上半部分用【圆】命令绘制一半径为 30 的圆，然后将该圆向内偏移 15。

用户可以通过三种方式调用【椭圆】命令：

【绘图】工具栏→【椭圆】按钮 ；

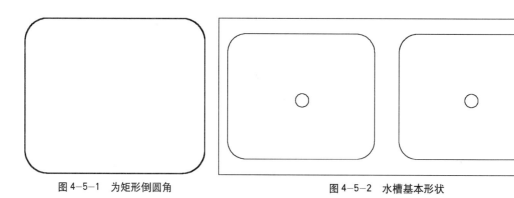

图4-5-1　为矩形倒圆角　　　　　　　　　　　图4-5-2　水槽基本形状

【菜单栏】→【绘图】→【椭圆】；

命令行输入 ellipse(或快捷命令 el) 回车；

选择所绘制的同心圆的圆心为椭圆的"轴端点"；

输入椭圆长轴数值为220，短轴数值为15，得到如图4-5-3所示图形；

使用【修剪】命令修剪所绘制图形，如图4-5-4所示。

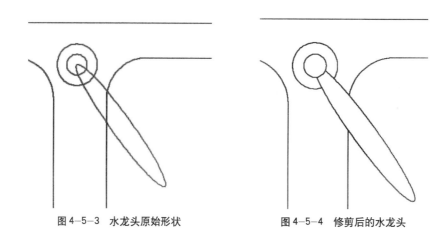

图4-5-3　水龙头原始形状　　　　　　　　　　图4-5-4　修剪后的水龙头

⑤使用【正多边形】命令绘制水龙头开关。

【正多边形】命令可以创建边数在3～1024条之间的等长闭合多边形，所绘制多边形为一个独立个体。用户可通过下列方式调用【正多边形】命令：

【绘图】工具栏→【正多边形】按钮○；

【菜单栏】→【绘图】→【正多边形】；

命令行输入 polygon(或快捷命令 pol) 回车；

输入边的数目为6，在水龙头侧边指定正多边形的中心点，此时命令提示行显示"输入选项 [内接于圆 (I)/ 外切于圆 (C)] <I>:"（所谓"内接于圆"是指所绘制多边形在一个假设的圆内，多边形的所有顶点都在假设圆上；而"外切于圆"是指所绘制多边形在一个假设的圆的外侧，多边形的各边与假设圆相切）；

在命令行键入字母"I"或在鼠标弹出的快捷命令中直接选择"内接于圆"，如图4-5-5所示。

指定圆的半径为20回车完成正多边形的绘制；

图 4-5-5 快捷命令选择"内接于圆"

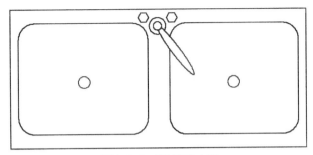

图 4-5-6 绘制好的水槽

将绘制好的正多边形用【镜像】命令复制到水龙的另一侧，完成水槽的整体绘制，如图 4-5-6 所示。

⑥将绘制好的水槽使用【移动】命令放置到指定位置即可。

（3）绘制书房家具圈椅

①绘制半径为 350 的圆，并向外偏移 80，再以最外侧圆的下方切点为圆心绘制半径为 500 的圆，如图 4-5-7 所示。

②使用【修剪】命令对图形进行修剪，得到圈椅原始形状，如图 4-5-8 所示。

③在圈椅扶手位置调用【菜单栏】→【绘图】→【圆】→【相切、相切、相切】命令画圆并镜像复制，如图 4-5-9 所示。

④使用【修剪】命令整理不需要的线，完成圈椅的绘制，如图 4-5-10 所示。

⑤已绘制的圈椅内圈尺寸已到达 700，明显过大，这时我们使用【比例】命令来调整图形比例大小以达到我们的要求。

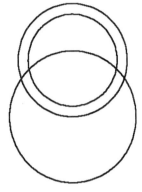

图 4-5-7 绘制组成圈椅的圆

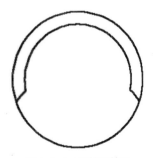

图 4-5-8 圈椅原始图

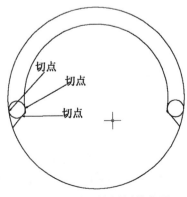

图 4-5-9 在圈椅上绘制相切圆

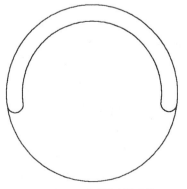

图 4-5-10 完成绘制的圈椅

用户首先通过以下方式启动【比例】命令：

【修改】工具栏→【比例】按钮□；

【菜单栏】→【修改】→【比例】；

命令行输入 scale(或快捷命令 sc) 回车；

选择圈椅为需按比例缩放的对象，选择组成圈椅的同心圆的圆心为缩放基点；

在命令提示行显示"指定比例因子或 [复制 (C)/ 参照 (R)] <1.0000>:"时在命令行输入字母"R"回车；

指定圈椅的内圈圆直径为参照长度，如图 4-5-11 所示。

指定新的长度为 500 并确认，原有圈椅按指定长度比例缩小，如图 4-5-12 所示。

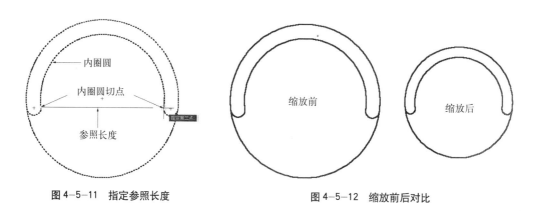

图 4-5-11　指定参照长度　　　　　　　　　　图 4-5-12　缩放前后对比

（4）利用 AutoCAD 设计中心向图形中插入家具图块。

AutoCAD 系统带有一些常用图形的模块，我们可以通过设计中心调用这些模块。通过设计中心，用户可以组织对图形、块、图案填充和其他图形内容的访问。可以将源图形中的任何内容拖动到当前图形中，可以将图形、块和填充拖动到【工具选项板】上。源图形可以位于用户的计算机上、网络位置或网站上。另外，如果打开了多个图形，则可以通过设计中心在图形之间复制和粘贴其他内容（如图层定义、布局和文字样式）来简化绘图过程。

①用户可以通过以下方式启动设计中心：

【标准】工具栏→【设计中心】按钮▦；

【菜单栏】→【工具】→【设计中心】；

命令行输入 adcenter(或快捷命令 adc) 回车；

使用快捷键【Ctrl+2】；

启动设计中心后弹出工作界面窗口，如图 4-5-13 所示。窗口分为两部分，左边为树状图，右边为内容区。可以在树状图中浏览内容的源，而在内容区显示内容。可以在内容区中将项目添加到图形或工具选项板中。

②在左边的树状图中找到"Sample"文件夹，选择"Block and Tables-Metric.dwg"文件并单击其中的"块"子选项，此时内容区显示该块所包含的所有内容，如图 4-5-14 所示。

③鼠标双击"Toilet"图标，弹出【插入】对话框，在对话框中勾选【统一比例】选项，将【插入点】和【缩放比例】均选择为"在屏幕上指定"后单击确定按钮。

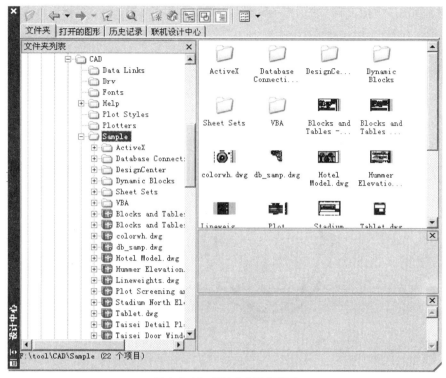

图 4-5-13 设计中心工作界面

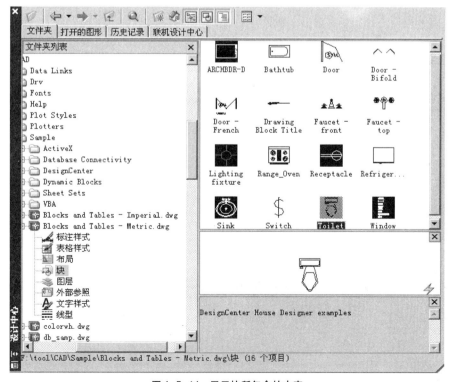

图 4-5-14 显示块所包含的内容

④在当前图形中指定插入点后拖动鼠标以确定图形大小比例，复合要求后点击鼠标左键确认结束命令，如图4-5-15所示。

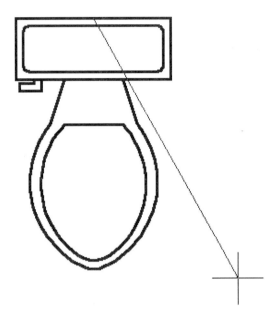

图4-5-15　拖动鼠标以确定插入图块的大小比例

注：A.通过设计中心向当前图形插入指定图块时，也可使用鼠标点击需插入的图块并直接拖动至当前图形中，如图4-5-16所示。

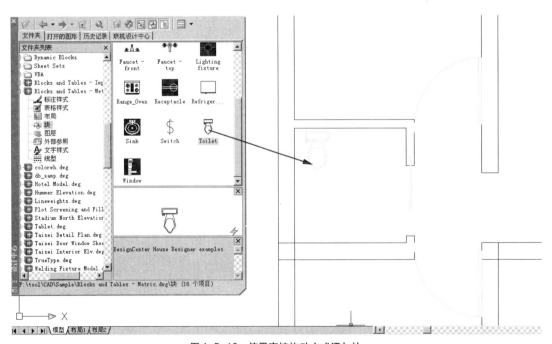

图4-5-16　使用直接拖动方式添加块

B.【工具选项板】可以将常用命令放置在一起方便用户调用。打开【工具选项板】的方式有三种：

【标准】工具栏→【工具选项板窗口】按钮 ；

【菜单栏】→【工具】→【工具选项板窗口】；

命令行输入 toolpalettes(或快捷命令 tp ）回车；

调用命令后系统弹出【工具选项板－所用选项板】窗口，如图 4-5-17 所示；用户可以选择所需要的内容直接拖动至图形中。右键单击图标在弹出的快捷菜单中选择【特性】命令，系统会弹出【工具特性】对话框，我们可在对话框中直接修改所选对象的各项参数，如图 4-5-18 所示。

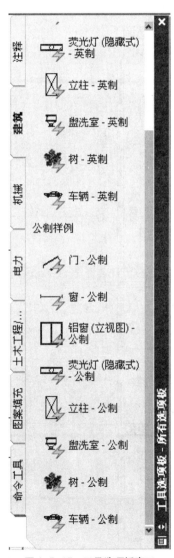

图 4-5-17　工具选项板窗口

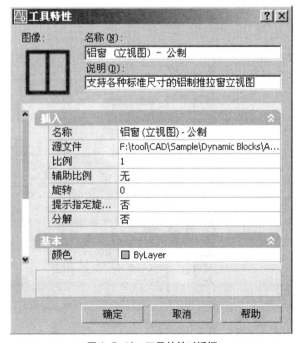

图 4-5-18　工具特性对话框

（5）综合利用上述编辑方式完成平面图家具的绘制，如图 4-5-19 所示。

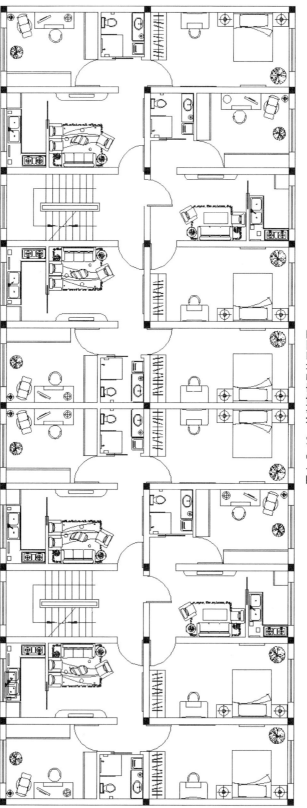

图 4—5—19 绘制完成家具的平面图

4.6　任务6　图形填充

在 AutoCAD 绘图中我们经常会通过【图案填充】命令对指定区域填充一些图案用以区分所绘制图形中的不同空间或不同材质。图形填充过程如下：

（1）在【图层】工具栏下拉列表中将"填充"层切换为当前层。

（2）通过以下方式启动【图案填充】命令：

【绘图】工具栏→【图案填充】按钮 ；

【菜单栏】→【绘图】→【图案填充】；

【工具选项板】中拖动填充图案；

命令行输入 bhatch(或快捷命令 bh)回车；

（3）启动命令后系统弹出【图案填充和渐变色】对话框，如图 4-6-1 所示；在对话框的【图案填充】选项卡的【类型和图案】选项区内，点击"类型"下拉列表选择其中的"预定义"选项，如图 4-6-2 所示。

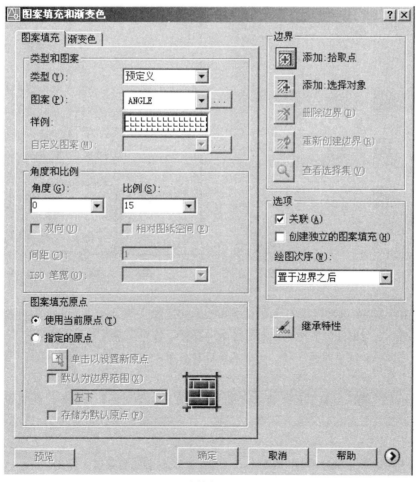

图 4-6-1　【图案填充和渐变色】对话框

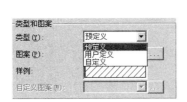

图 4-6-2　指定填充类型

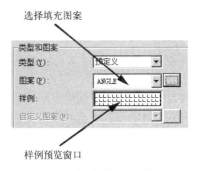

图 4-6-3　选择填充图案

(4) 在【类型和图案】选项区内点击"图案"下拉列表选择我们想要填充的图案代码,"样例"预览窗口会显示相应的图案,如图 4-6-3 所示。

注:点击"图案"下拉列表右侧按钮▦可打开【填充图案选项板】对话框,如图 4-6-4 所示,我们可以更加直观的观察到填充图案的样式,方便我们对图案进行有针对性的选择。

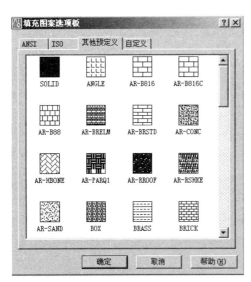

图 4-6-4　【填充图案选项板】对话框

图 4-6-5　拾取点界定填充范围

(5) 点击【边界】选项区内的【添加:拾取点】按钮▦,在需填充图案的范围内拾取内部点,系统选择所有可见对象并分析所选数据后得出可填充区域并以虚线显示,如图 4-6-5 所示。

注:填充区域必须为封闭区域,如填充区域非封闭,则无法进行填充,系统会提示"边界定义错误"信息,如图 4-6-6 所示,此时如仍需填充,应以辅助线封闭填充区域。

(6) 鼠标右键确认当前填充区域后回到【图案填充和渐变色】对话框,在【角度和比例】选项区内设置填充图案的旋转角度和整体比例。因不需要旋转所以角度为 0,比例则根据实际情况设置。

(7) 将比例数值设置为 40,单击左下方【预览】按钮预览图案填充效果,如图 4-6-7 所示,比例有些过大。

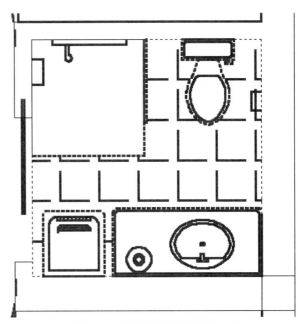

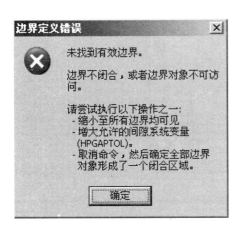

图4-6-6 系统提示错误信息

图4-6-7 调整比例前填充图案大小

(8) 将比列重新设置为15, 单击【预览】按钮, 填充比例适合, 如图4-6-8所示, 回到【图案填充和渐变色】对话框单击【确定】完成图案填充。

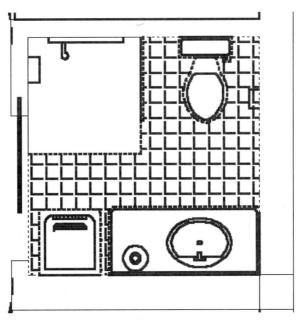

图4-6-8 调整比例后填充图案大小

(9) 根据所给平面图1-1-1对图形进行填充, 结果如图4-6-9所示。

注: 对图形中承重柱进行填充时, 应将图层切换至"墙层"再进行填充。

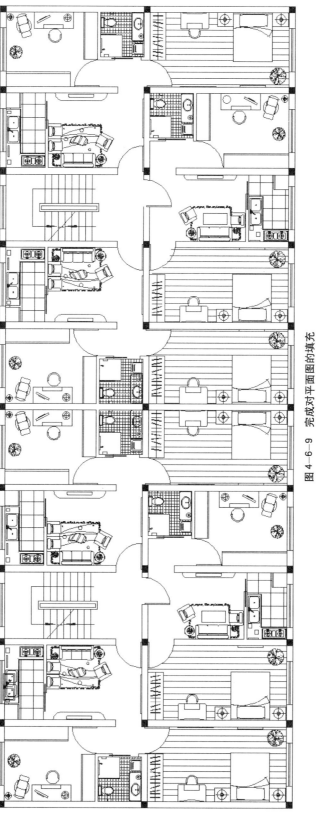

图 4-6-9 完成对平面图的填充

课后任务练习

1. 绘制图练习2所示平面图；

2. 绘制图练习3所示洗涤盆安装示意图；

3. 绘制图练习4零件详图；

4. 绘制图练习5所示一居室平面图。

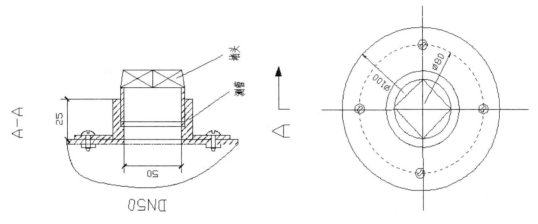

练习4 零件详图

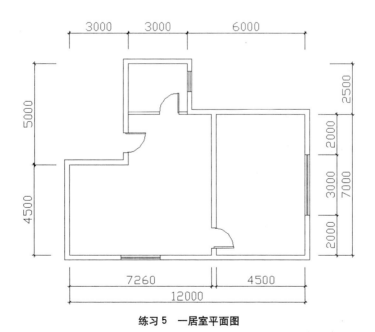

练习5 一居室平面图

项目五 绘制尺寸标注

项目目标：要求学生通过对本项目中各个任务的实际操作，了解并掌握【标注样式管理器】的参数设置方法及其所对应的尺寸标注变量，能够熟练使用各项标注命令对所绘制图形进行正确的尺寸标注以及编辑和修改。

任务1 设置标注样式

尺寸标注是建筑装饰设计平面图中表达所绘制对象尺寸数据的重要方式，使用 AutoCAD 的尺寸标注命令，可以方便快速地标注图纸中各方向、形式的尺寸，同时尺寸标注也是我们绘图的主要依据。常用的尺寸标注由【尺寸线】、【尺寸界线】、【尺寸起止符】、【尺寸数字】4 部分组成，如图 5-1-1 所示，我们在对图形进行标注前首先要对标注样式进行设置以满足不同类型标注的要求，具体步骤如下：

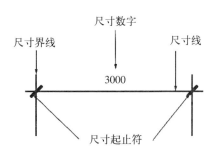

图 5-1-1 尺寸标注的组成

（1）在【图层特性管理器】下拉列表中将"标注"层切换为当前层。

（2）鼠标右键单击任一工具栏，在弹出的快捷菜单中选择"标注"调出【标注】工具栏（此工具栏为浮动工具栏，可用鼠标拖动至用户指定位置），如图 5-1-2 所示；各按钮功能如表 5-1-1 所示。

图 5-1-2 【标注】工具栏

【标注】工具栏各按钮功能   表 5-1-1

工具按钮	命令	基本功能
⊢⊣	线性	标注水平、垂直尺寸
⬉	对齐	标注斜线、斜面尺寸
⟋	弧长	标注弧长
ⵈ	坐标	测量原点到标注特征的垂直距离
⊘	半径	标注圆、圆弧的半径
⟋	折弯	在方便的位置指定标注
⊘	直径	标注圆、圆弧的直径

续表

工具按钮	命令	基本功能
	角度	测量角度
	快速	快速进行标注
	基线	同一基线处测量的多个标注
	连续	创建首尾相连的多个标注
	快速引线	快速创建引线和引线注释
	形位公差	标注形位公差
	圆心标记	标注圆或圆弧的圆心
	编辑标注	对尺寸文字、界线的角度进行修改
	编辑标注文字	对尺寸数字进行编辑
	标注更新	更新现有标注
	标注样式	设置标注的各项参数

（3）鼠标点击【标注样式】命令按钮 调出【标注样式管理器】如图 5-1-3 所示，其界面功能如下：

注：用户还可以通过以下两种方启动【标注样式】命令调出【标注样式管理器】：

【菜单栏】→【标注】→【样式】；

命令行输入 Dimstyle（或快捷命令 d）回车。

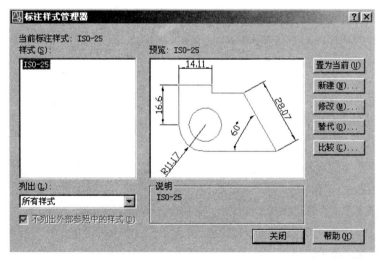

图 5-1-3 【标注样式管理器】界面

①【当前标注样式】

显示当前标注样式的名称。默认标注样式为 ISO-25。当前样式将应用于所创建的标注。

②【样式】列表框

显示当前图形文件中已定义的所有尺寸标注样式。每次打开【标注样式管理器】对话框，当前使用尺寸标注样式都以高亮状态显示。要修改当前尺寸标注样式，可在该列表框中直接选取所需的尺寸标注样式名称，再单击【置为当前】按钮即可。此时在【当前标注样式】后显示的名称即为刚设置的当前尺寸标注样式。

③【预览】图像框

显示当前尺寸标注样式所设置的各项特征参数的最终显示效果。通过该图像框，用户可以了解当前尺寸标注样式中各种标注类型的标注方式是否为自身所需。如不是，则可单击【修改】按钮进行有针对性的修改。修改后该图形框将实时反映用户所修改尺寸的标注样式。

④【列出】下拉列表框

控制当前图形文件中是否全部显示所有的尺寸标注样式。选择【所有样式】选项，系统将在【样式】列表框中全部显示当前图形文件中所有已定义的尺寸标注样式；选择【正在使用的样式】选项，则系统仅在【样式】列表框中显示当前已被使用的那些尺寸标注样式。

⑤【说明】区

显示当前所用标注样式的说明，即当前所用标注样式基于默认样式的变化。

⑥【置为当前】按钮

将设置好的标注样式置为当前使用的标注样式。如设置好新标注样式后不单击【置为当前】按钮，则系统仍将继续使用原有标注样式，新设样式将不生效。

⑦【新建】按钮

显示【创建新标注样式】对话框，从中可以定义新的标注样式。

⑧【修改】按钮

显示【修改标注样式】对话框，从中可以修改标注样式。对话框选项与【新建标注样式】对话框中的选项相同。

⑨【替代】按钮

显示【替代当前样式】对话框，从中可以设置标注样式的临时替代。对话框选项与【新建标注样式】对话框中的选项相同。替代将作为未保存的更改结果显示在【样式】列表中的标注样式下。

⑩【比较】按钮

显示【比较标注样式】对话框，从中可以比较两个标注样式或列出一个标注样式的所有特性。

通过【标注样式管理器】我们可以实现预览尺寸标注样式、创建新的尺寸标注样式、修改已有的尺寸标注样式、替代某个尺寸标注样式、设置当前尺寸标注样式、比较两个尺寸标注样式、更改尺寸标注样式名称、删除尺寸标注样式等功能。

（4）单击【标注样式管理器】的【修改】按钮打开【修改标注样式】对话框，如图5-1-4所示，对各项标注参数进行设置：

①设置尺寸线、尺寸界线

在【修改标注样式】对话框中单击【直线】标签，打开该选项卡，将尺寸线、尺寸界线的颜色、线型、线宽设置为"ByLayer(随层)"，"超出标记"数值设置为200，"基线间距"数值设置为600，"超出尺寸线"数值设置为300，"起点偏移量"数值设置为100，如图5-1-5所示。

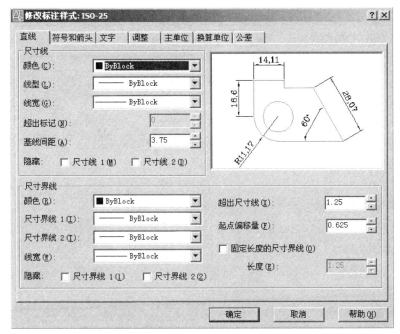

图 5-1-4 【修改标注样式】对话框

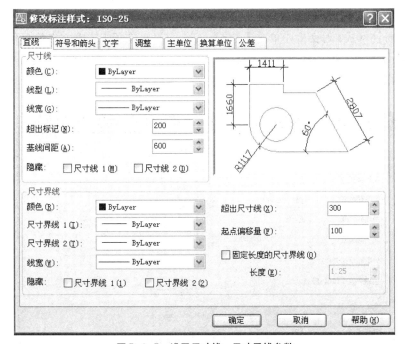

图 5-1-5 设置尺寸线、尺寸界线参数

②设置符号和箭头

在【修改标注样式】对话框中单击【符号和箭头】标签，打开该选项卡，将"箭头"选择为"建筑标记"，"引线"选择为"实心闭合"，"箭头大小"数值设置为200，"圆心标记"大小数值设置为50，如图5-1-6所示。

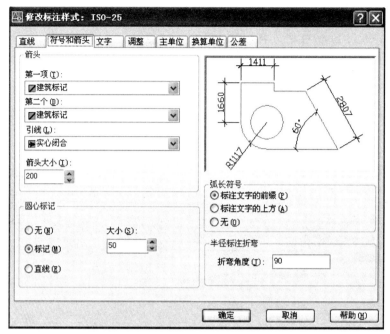

图5-1-6　设置符号和箭头参数

③设置尺寸文本选项

在【修改标注样式】对话框中单击【文字】标签,打开该选项卡设置文字外观和位置,将"文字高度"数值设置为250,"从尺寸线偏移"数值设置为50,"文字对齐"方式选择为"与尺寸线对齐",如图5-1-7所示。

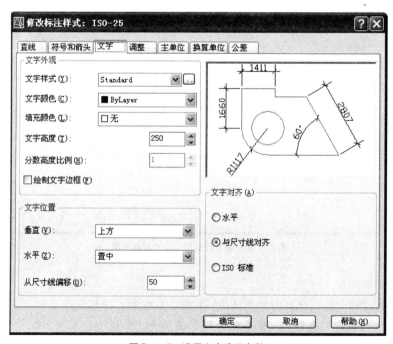

图5-1-7　设置文字选项参数

④设置尺寸标注特征

在【修改标注样式】对话框中单击【调整】标签打开该选项卡，如图 5-1-8 所示设置尺寸文本、尺寸箭头、引线、尺寸线的相对排列位置，标注特征比例等参数。

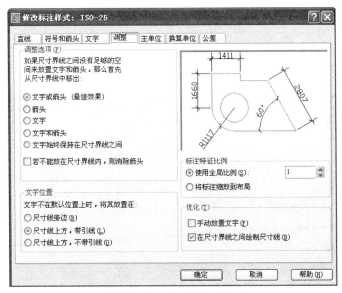

图 5-1-8　设置尺寸标注特征

⑤设置公制尺寸参数

在【修改标注样式】对话框中单击【主单位】标签打开该选项卡，设置主单位的各种参数以控制尺寸单位、角度单位、精度等级和比例系数等选项。此处将线性标注的单位格式设置为"小数"，精度值设置为"0"，角度标注单位格式设置为"十进制度数"，精度设置为"0"，如图5-1-9 所示。

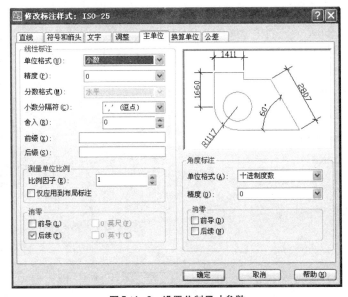

图 5-1-9　设置公制尺寸参数

⑥设置换算单位

在【修改标注样式】对话框中单击【换算单位】标签打开该选项卡，如图5-1-10所示。用户可在该选项卡为英制尺寸文本设置参数，以控制尺寸单位精度等级、公差精度等级、尺寸数字的零抑制和英制单位的比例系数。

⑦设置公差

在【修改标注样式】对话框中单击【公差】标签打开该选项卡，如图5-1-11所示。用户可在该选项卡设置尺寸公差的特征参数。

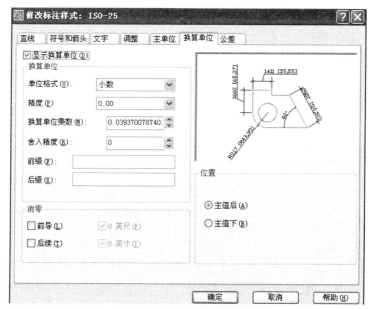

图5-1-10 设置换算单位选项卡

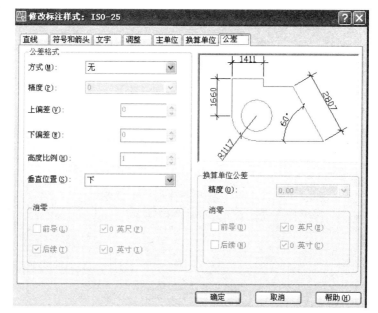

图5-1-11 设置公差选项卡

（5）使用标注命令标注所绘制图形。

①在【图层】工具栏下拉列表中将原来关闭的"轴线"层打开使之结束隐藏状态，如图5-1-12所示。

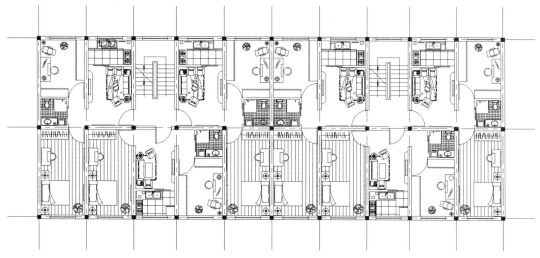

图 5-1-12 显示轴线的平面图

②使用【线性】尺寸标注命令标注平面图尺寸。

用户调用【线性】尺寸标注命令的方式如下：

单击【标注】工具栏上的【线性】标注命令按钮⊢；

单击菜单栏【标注】→【线性】标注命令；

在命令行输入 Dimlinear 命令并回车；

【线性】尺寸标注命令启动后，命令行显示"指定第一条尺寸界线原点或＜选择对象＞:"

利用对象捕捉功能使用鼠标捕捉 1 号轴线上方端点为第一条尺寸界线原点并确认；

向右拖动鼠标捕捉 2 号轴线上端点为第二条尺寸界线原点并确认；

在"指定尺寸线位置或 [多行文字 (M)/ 文字 (T)/ 角度 (A)/ 水平 (H)/ 垂直 (V)/ 旋转 (R)]:"提示下向上方拖动标注尺寸线到适当位置并确认完成第一道尺寸标注，如图5-1-13所示。

③使用【连续】尺寸标注命令标注平面图尺寸。

使用【线性】尺寸标注命令标注平面图尺寸时，每标注一次尺寸就要重新启动一次【线性】尺寸标注命令，过程呆板，效率不高，这时在已有【线性】尺寸标注的基础上使用【连续】尺寸标注命令将会大大提高绘图效率，节省绘图时间。

用户调用【连续】尺寸标注命令的方式如下：

单击【标注】工具栏上的【连续】标注命令按钮⊢⊢；

单击菜单栏【标注】→【⊢⊢】标注命令；

在命令行输入 Dimcontinue 命令并回车；

【连续】尺寸标注命令启动后，命令行显示"选择连续标注:"

使用鼠标拾取已标好的第一道尺寸标注，系统自动默认上一标注的第二条尺寸界线起点为新标注的第一条尺寸界线起点；

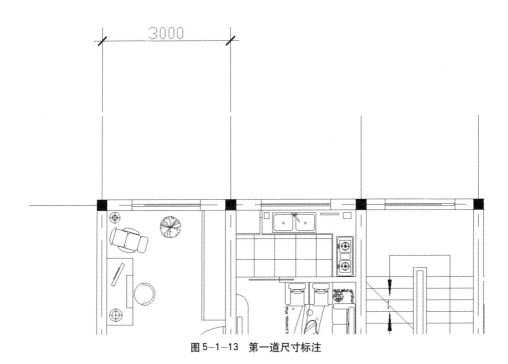

图 5-1-13　第一道尺寸标注

向右侧拖动鼠标依次捕捉 3-11 号轴线上方端点后右键结束命令完成垂直轴线的标注，如图 5-1-14 所示。

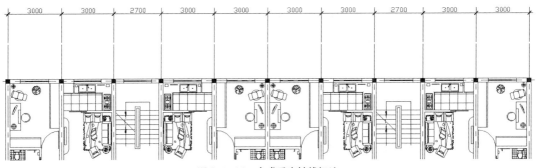

图 5-1-14　完成垂直轴线标注

④根据所给平面图尺寸同理完成全部水平与垂直轴线的尺寸标注及小尺寸标注，并为轴线标号绘制定位圆，如图 5-1-15 所示。

⑤使用【快速引线】命令注释楼梯。

用户可通过下列三种方式启动【快速引线】命令：

单击【标注】工具栏上的【快速引线】标注命令按钮 ；

单击菜单栏【标注】→【快速引线】命令；

在命令行输入 Qleader 命令并回车；

启动【快速引线】命令后直接回车，系统弹出【引线设置】对话框如图 5-1-16 所示；

点击【引线和箭头】选项卡，将引线设置为直线，箭头设置为实心闭合，如图 5-1-17 所示，点击【确定】结束设置；

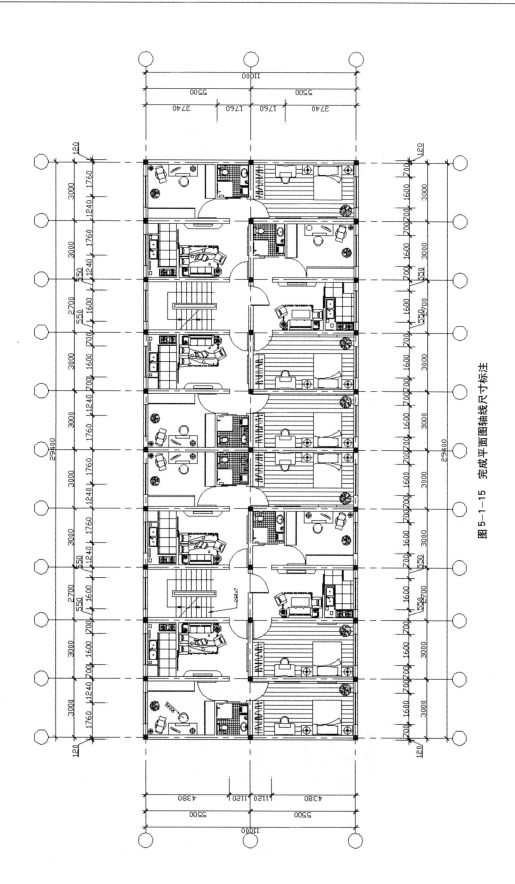

图 5-1-15　完成平面图轴线尺寸标注

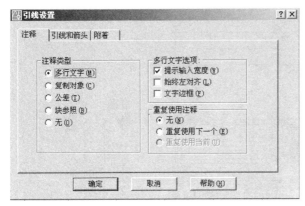

图 5-1-16 【引线设置】对话框

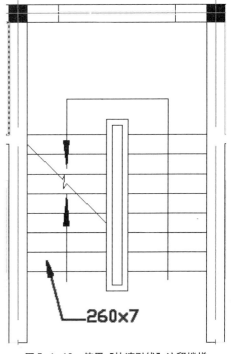

图 5-1-17 设置【引线和箭头设置】

图 5-1-18 使用【快速引线】注释楼梯

在楼梯上指定引线点并向下拖动鼠标指定第二点右键确认；

拖动鼠标指定文字宽度后输入 260×7 并确认，如图 5-1-18 所示。

⑥新建标注样式标注半径。

点击【标注样式】按钮，弹出【标注样式管理器】对话框，单击对话框上的【新建】按钮,在弹出的【创建新标注样式】对话框中设置【新样式名称】为"标注2",如图 5-1-19 所示,单击【继续】按钮确认；

在【符号和箭头】选项卡中将"箭头"选择为"实心闭合","箭头大小"数值设置为200 ；

图 5-1-19 设置新标注样式名称

在【文字】选项卡中将"文字高度"数值设置为150,单击【确定】按钮结束设置回到【标注样式管理器】,单击【置为当前】按钮关后闭对话框;

用户可以通过下列3种方式启动【半径】尺寸标注命令:

单击【标注】工具栏上的【半径】标注按钮◎;

单击菜单栏【标注】→【半径】命令;

在命令行输入Dimradius命令并回车;

使用鼠标拾取圈椅,系统给出半径值,如图5-1-20所示。

⑦使用【标注】工具栏各个命令完成对所绘制平面图的各项尺寸标注。

注:其他标注命令用法如下:

【对齐】尺寸标注

工程制图中经常会遇到斜线、斜面的尺寸标注。AutoCAD为用户提供了对齐命令用来方便的标注斜线、斜面尺寸,标注出的尺寸线和斜线或斜面平行如图5-1-21所示。

用户可通过下列3种方式启动【对齐】尺寸标命令:

单击【标注】工具栏上的【对齐】标注按钮↖;

单击菜单栏【标注】→【对齐】命令;

在命令行输入Dimaligned命令并回车。

【弧长】尺寸标注

弧长标注用于测量圆弧或多段线弧线段上的距离。为区别它们是线性标注还是角度标注,默认情况下,弧长标注将显示一个圆弧符号,圆弧符号显示在标注文字的上方或前方如图5-1-22所示。可以使用"标注样式管理器"指定位置样式。可以在【新建标注样式】对话框或【修改标注样式】对话框的【符号和箭头】选项卡上更改位置样式。

用户可通过下列3种方式启动【弧长】命令:

单击【标注】工具栏上的【弧长】标注按钮╭;

单击菜单栏【标注】→【弧长】命令;

在命令行输入Dimarc命令并回车。

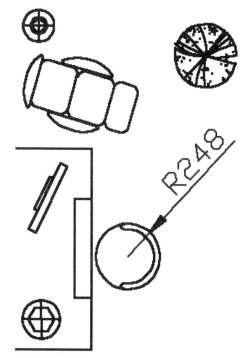

图5-1-20　【半径】尺寸标注

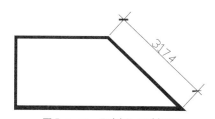

图5-1-21　【对齐】尺寸标注

图5-1-22　【弧长】尺寸标注

【坐标】标注

坐标标注是测量原点到标注特征的垂直距离的一种方式。这种标注保持特征点与基准点的精确偏移量，从而避免增大误差。

用户可通过下列 3 种方式启动【坐标】标注命令：

单击【标注】工具栏上的【坐标】标注按钮；

单击菜单栏【标注】→【坐标】命令；

在命令行输入 Dimordinate 命令并回车。

【折弯】尺寸标注

当圆弧或圆的中心位于布局外且无法在其实际位置显示时，可以使用创建折弯半径标注，也称为"缩放的半径标注"，它可以在更方便的位置指定标注的原点如图 5-1-23 所示；

用户可通过下列 3 种方式启动【折弯】尺寸标注命令：

单击【标注】工具栏上的【折弯】标注按钮；

单击菜单栏【标注】→【折弯】命令；

在命令行输入 Dimjogged 命令并回车。

在【修改标注样式】对话框的【符号和箭头】选项卡中的【半径标注折弯】下，用户可以控制折弯的默认角度，如图 5-1-24 所示。

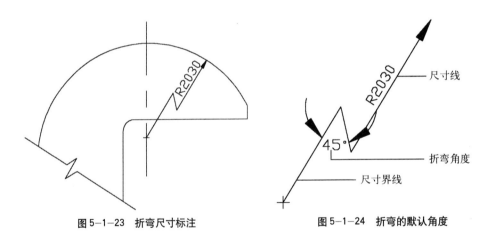

图 5-1-23　折弯尺寸标注　　　　　图 5-1-24　折弯的默认角度

【直径】尺寸标注

直径标注使用可选的中心线或中心标记测量圆弧和圆的直径如图 5-1-25 所示，用户可通过下列 3 种方式启动【直径】尺寸标注命令：

单击【标注】工具栏上的【直径】标注按钮；

单击菜单栏【标注】→【直径】命令；

在命令行输入 Dimdiameter 命令并回车。

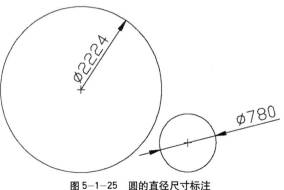

图 5-1-25　圆的直径尺寸标注

【角度】尺寸标注

角度标注是测量两条直线或三个点之间的角度如图 5-1-26 所示。创建标注时，选择形成角度的两条线段即可，并可以在指定尺寸线位置之前修改文字内容和对齐方式。

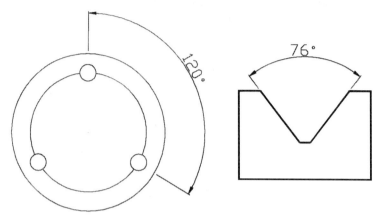

图 5-1-26　角度尺寸标注

用户可通过下列 3 种方式启动【角度】尺寸标注命令：

单击【标注】工具栏上的【角度】标注按钮 △；

单击菜单栏【标注】→【角度】命令；

在命令行输入 Dimangular 命令并回车。

【快速】尺寸标注

使用【快速】尺寸标注创建或编辑一系列标注，创建系列基线或连续标注，或者为一系列圆或圆弧创建标注时，此命令特别有用如图 5-1-27 所示。

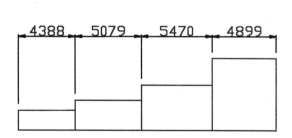
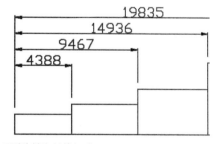

图 5-1-27　使用【快速】尺寸标注创建系列连续和基线标注

用户可通过下列 3 种方式启动【快速】尺寸标注命令：

单击【标注】工具栏上的【快速】标注按钮 ；

单击菜单栏【标注】→【快速】命令；

在命令行输入 Qdim 命令并回车。

命令启动后选择要标注的对象或要编辑的标注并按回车键或鼠标右键确认，此时命令行显示 "指定尺寸线位置或 [连续 (C)/ 并列 (S)/ 基线 (B)/ 坐标 (O)/ 半径 (R)/ 直径 (D)/ 基准点 (P)/ 编辑 (E)/ 设置 (T)] < 当前 >:" 输入相应选项或按回车键即可完成快速标注。

【基线】尺寸标注

基线标注是自同一基线处测量的多个标注。在创建基线标注之前，必须创建线性、对齐或角度标注。可自当前任务的最近创建的标注中以增量方式创建基线标注。基线标注和连续标注都是从上一个尺寸界线处测量的，除非指定另一点作为原点。

用户可通过下列 3 种方式启动【基线】尺寸标注命令：

单击【标注】工具栏上的【基线】标注按钮 ；

单击菜单栏【标注】→【基线】命令；

在命令行输入 Dimbaseline 命令并回车。

【形位公差】

形位公差表示特征的形状、轮廓、方向、位置和跳动的允许偏差，包括形状公差和位置公差，是指导生产、检验产品、控制质量的技术依据，如图 5-1-28 所示；

用户可通过下列 3 种方式启动【形位公差】命令：

单击【标注】工具栏上的【形位公差】标注按钮 。

单击菜单栏【标注】→【形位公差】命令。

在命令行输入 Tolerance 命令并回车。

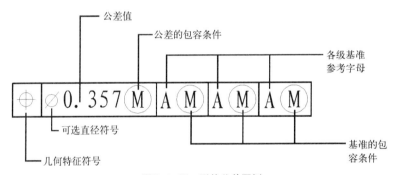

图 5-1-28　形位公差图例

【圆心标记】

圆心标注允许用户对圆或圆弧进行中心点标注。如图 5-1-29 所示。

用户可通过下列 3 种方式启动【圆心标记】命令：

单击【标注】工具栏上的【圆心标注】标注按钮 ；

单击菜单栏【标注】→【圆心标注】命令；

在命令行输入 Dimcenter 命令并回车。

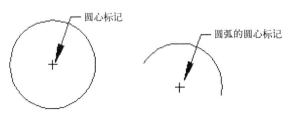

图 5-1-29　圆和圆弧的圆心标记

【编辑标注】

编辑标注可在标注创建后新建、旋转、倾斜现有标注如图 5-1-30 所示。

用户可通过下列 3 种方式启动【编辑标注】命令：

单击【标注】工具栏上的【编辑标注】标注按钮 ；

单击菜单栏【标注】→【编辑标注】命令；

在命令行输入 Dimedit 命令并回车。

命令启动后命令行提示"输入标注编辑类型 [默认 (H)/ 新建 (N)/ 旋转 (R)/ 倾斜 (O)] < 默认 >:"此时输入字母"R"后回车确认,在命令行提示"指定标注文字的角度:"时输入"-45"并回车，然后使用鼠标选择需编辑的标注即可。

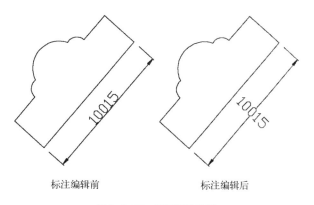

标注编辑前　　　　　　　标注编辑后

图 5-1-30　编辑标注范例

【编辑标注文字】

该命令可将标注文字沿尺寸线移动到左、右或中心或尺寸界线之内或之外的任意位置。如果向上或向下移动文字，当前文字相对于尺寸线的垂直对齐不会改变，因此尺寸线和尺寸界线相应地有所改变如图 5-1-31 所示。

用户可通过下列 3 种方式启动【编辑标注文字】命令：

单击【标注】工具栏上的【编辑标注文字】标注按钮 ；

单击菜单栏【标注】→【编辑标注文字】命令；

在命令行输入 Dimtedit 命令并回车。

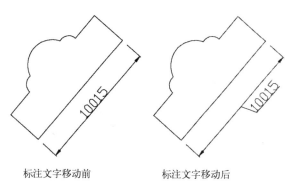

标注文字移动前　　　　　　标注文字移动后

图 5-1-31　编辑标注文字

【标注更新】

该命令可以使某个已经标注的尺寸按当前尺寸标注样式所定义的形式进行更新。

用户可通过下列 3 种方式启动【标注更新】命令：

单击【标注】工具栏上的【标注更新】标注按钮 ；

单击菜单栏【标注】→【标注更新】命令；

在命令行输入 Dim 命令并回车，然后在【标注】提示下输入 Update 回车即可。

课后任务练习

1. 对已经绘制完成的图练习 2 所示平面图进行尺寸标注，并将尺寸数字 5600 和 5900 分别修改为 5800 和 6000；

2. 对已经绘制完成的图练习 3 所示洗涤盆安装示意图进行尺寸标注；

3. 对已经绘制完成的图练习 4 所示零件详图进行尺寸标注，并将该图形尺寸标注中的尺寸起止符由"建筑标记"修改为"实心闭合"箭头。

项目六　编辑文字说明

项目目标：要求学生通过对本项目中各个任务的实际操作，了解并掌握在 AutoCAD 中书写和编辑文字以及表格的基本命令和方法，能够熟练地在所绘制图形中进行文字说明和表格编辑。

文字说明是建筑装饰绘图中不可或缺的一部分，通过文字可以对装饰制图过程中图形难以表达的含义加以说明。在 AutoCAD 中我们使用【多行文字】命令来编辑和修改文字。

6.1　任务1　编辑多行文字

（1）在【图层】工具栏下拉列表中将"文字"层设置为当前层。

（2）用户可以通过以下方式调用【多行文字】命令：

单击【绘图】工具栏或【文字】工具栏上的【多行文字】按钮 **A**；

单击菜单栏【绘图】→【文字】→【多行文字】命令；

在命令行输入 mtext 命令（或快捷命令 mt）回车。

（3）输入多行文字：

①命令启动后，命令提示行显示"当前文字样式：'Standard'当前文字高度：2.5"。

在需要输入文字的位置单击鼠标左键指定第一角点；

命令行提示"指定对角点或 [高度 (H)/ 对正 (J)/ 行距 (L)/ 旋转 (R)/ 样式 (S)/ 宽度 (W)]:" 此时可输入相应选项对多行文字进行设置；

拖动鼠标选取多行文字书写区域，如图 6-1-1 所示；区域确认后单击鼠标左键确认弹出【文字格式】编辑器，如图 6-1-2 所示。

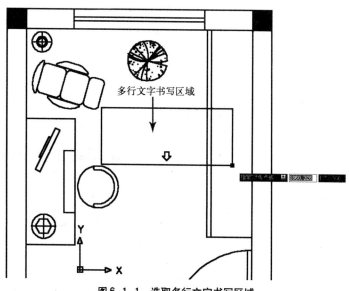

图 6-1-1　选取多行文字书写区域

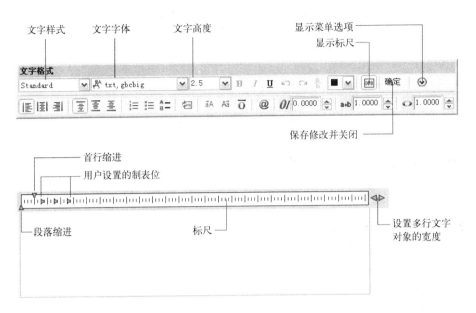

图6-1-2 【文字格式】编辑器

②在【文字格式】编辑器中将"样式"设置为"Standard"标准样式，在"字体"下拉列表中将多行文字的字体选择为"宋体"，文字"高度"数值设置为220，在文字编辑区域输入"书房"后单击【确定】按钮完成对多行文字的输入，如图6-1-3所示。

注：A.在【文字格式】编辑器的文字编辑区单击鼠标右键，在弹出的快捷菜单中选择【输入文字】选项，如图6-1-4所示；可在弹出的【选择文件】对话框中选择要输入的文本文件单击【确定】，文本内容会自动输入到文字编辑区。可输入文本的后缀格式为"tzt"、"rft"。

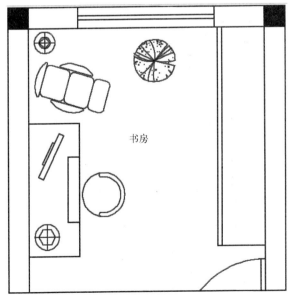

图6-1-3 完成多行文字标注

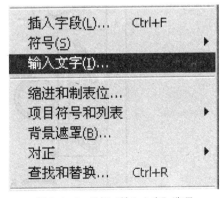

图6-1-4 选择【输入文字】选项

B. 我们除了可在【文字格式】编辑器中设置文字的各项参数外，还可以在【文字样式】对话框中设置文字的各项参数，如图 6-1-5 所示。启动【文字样式】对话框的方式如下：

单击【文字】工具栏上的【文字样式】按钮**A**；

单击菜单栏【格式】→【文字样式】命令；

在命令行输入 style 命令 (或快捷命令 st) 回车。

C. 如需对已输入的文字进行修改编辑,可使用鼠标双击需修改的文字即可打开【文字格式】编辑器对文字进行重新编辑。

D. 用户也可以通过打开对象【特性】选项板,如图 6-1-6 所示,查看修改文字的各项参数。启动对象【特性】选项板的方式如下：

单击【标准】工具栏上的【特性】按钮**▓**；

单击菜单栏【工具】→【特性】命令；

在命令行输入 properties 命令 (或快捷命令 pr) 回车；

双击要查询或修改的图形单元。

对象【特性】选项板对图形中的其他图元也都起作用，双击所选择的图元即可打开对象【特性】选项板对图元参数进行查看或修改，如图 6-1-7 所示。

E. 当图形中存在两种或两种以上不同特性的文字时,我们可以使用【特

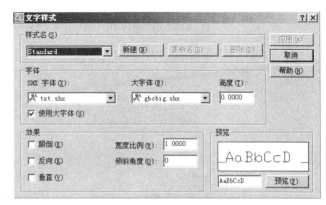

图 6-1-5　【文字样式】对话框

图 6-1-6　对象【特性】选项板

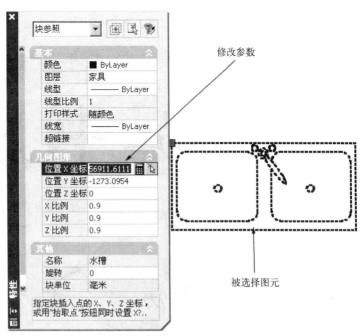

图 6-1-7　利用对象【特性】选项板修改对象特性

性匹配】命令将某一种指定的文字特性复制给其他文字从而统一文字特性。启动【特性匹配】命令的方式如下：

单击【标准】工具栏上的【特性匹配】按钮🖌；

单击菜单栏【修改】→【特性匹配】命令；

在命令行输入 matchprop 命令 (或快捷命令 ma) 回车；

命令启动后用鼠标拾取要复制其特性的对象即"复制目标"，"拾取框"变为"属性刷"图标🖌（此时如果要控制某些特性是否复制，则在命令行"选择目标对象或 [设置 (S)]:"提示下输入字母"S"打开【特性设置】对话框如图 6-1-8 所示，在对话框中去掉不需要复制的对象特性，单击【确定】即可）；

使用"属性刷"选取需统一特性的文字——"被复制目标"，被选取文字特性此时变为指定特性，如图 6-1-9 所示。【特性匹配】命令对图形中的其他图元也起作用。

图 6-1-8　【特性设置】对话框

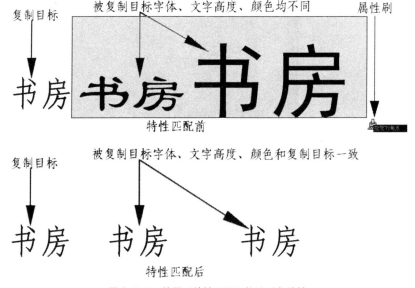

图 6-1-9　使用【特性匹配】修改对象特性

F. 在 AutoCAD 系统中，某些文字符号无法直接输入，需要输入相应代码或字符串才能由系统自动生成，如图 6-1-10 所示。

文字符号和 Unicode 字符串		
名称	符号	Unicode 字符串
几乎相等	≈	\U+2248
角度	∠	\U+2220
边界线	ℬℒ	\U+E100
中心线	℄	\U+2104
增量	△	\U+0394
电相位	φ	\U+0278
流线	℉	\U+E101
标识	≡	\U+2261
初始长度	℺	\U+E200
界碑线	Ⅿℒ	\U+E102
不相等	≠	\U+2260
欧姆	Ω	\U+2126
欧米加	Ω	\U+03A9
地界线	ℙℒ	\U+214A
下标 2	2	\U+2082
平方	2	\U+00B2
立方	3	\U+00B3

Unicode 字符串和控制代码		
控制代码	Unicode 字符串	结果
%%d	\U+00B0	度符号（°）
%%p	\U+00B1	公差符号（±）
%%c	\U+2205	直径符号（⌀）

图 6-1-10　符号代码与字符串

6.2　任务2　使用表格

在建筑装饰绘图中我们常会遇到表格，例如材料明细表和图例表等。在 AutoCAD 中，表格即为在行和列中包含数据的对象。

（1）创建表格样式：

①用户可以通过以下方式激活【表格样式】命令：

【样式】工具栏→【表格样式】按钮▨；

【菜单栏】→【格式】→【表格样式】命令；

在命令行输入 tablestyle 命令（或快捷命令 ts）回车。

②激活【表格样式】命令后弹出【表格样式】对话框,如图6-2-1所示。单击对话框中的【新建】按钮,在弹出的【创建新的表格样式】选项板中将"新样式名称"命名为"门窗明细表",如图6-2-2所示。

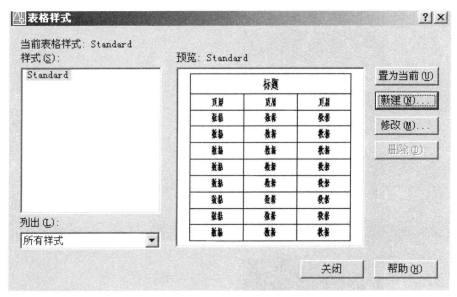

图6-2-1 【表格样式】对话框

图6-2-2 【创建新的表格样式】选项板

③单击【创建新的表格样式】选项板上【继续】按钮,弹出【新建表格样式:门窗明细表】对话框,如图6-2-3所示;分别在【数据】、【列标题】、【标题】选项卡的【单元特性】与【边框特性】区域中将"文字高度"数值设置为600,将"文字颜色"、"填充颜色"、"栅格线宽"、"栅格颜色"设置为Bylayer随层。

④单击【确定】按钮回到【表格样式】对话框,单击【置为当前】按钮,单击【关闭】按钮结束命令。

(2)插入表格:

①通过以下方式激活【表格】命令:

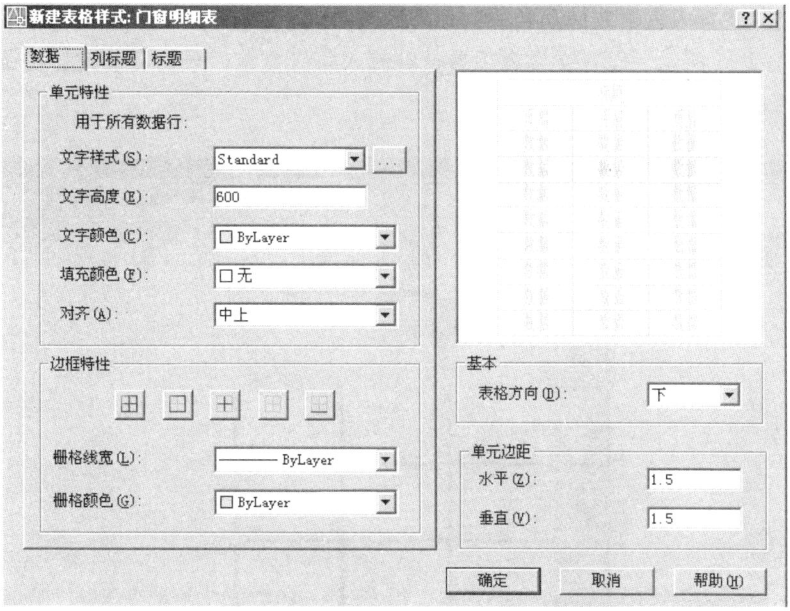

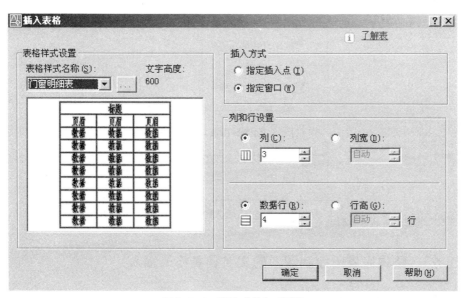

图6-2-3　【新建表格样式：门窗明细表】对话框

【绘图】工具栏 → 【表格】按钮 ；

【菜单栏】 → 【绘图】 → 【表格】命令；

在命令行输入 table 命令（或快捷命令 tb）回车。

②激活【表格】命令后弹出【插入表格】对话框，如图6-2-4所示，在【表格样式名称】下拉式列表中选择"门窗明细表"（此时如需修改可点击旁边的 按钮回到【表格样式】对话可进行【修改】或【新建】），将【插入方式】选择为"指定窗口"，将列和行数值分别设置为3和4，单击【确定】。

图6-2-4　【插入表格】对话框

③在指定位置插入表格并拖动到适当大小后点击鼠标左键确认,表格上方弹出【文字格式】编辑器如图6-2-5所示,设置文字各项参数并输入相应文字,单击【确定】按钮结束命令得到表格,如图6-2-6所示。

图6-2-5 编辑表格文字

门窗明细表		
名称	规格(mm)	数量(扇)
M1	1000×2100	18
M2	1000×2000	12
C1	1600×1500	20
备注		

图6-2-6 所插入的明细表

6.3 任务3 整体完成所绘制图形的文字和表格的输入

使用上述各项命令完成图形中文字说明及表格的输入,如图6-3-1所示。

门窗明细表

名称	规格 (mm)	数量 (扇)
M1	1000×2100	18
M2	1000×2000	12
C1	1600×1500	20
备注		

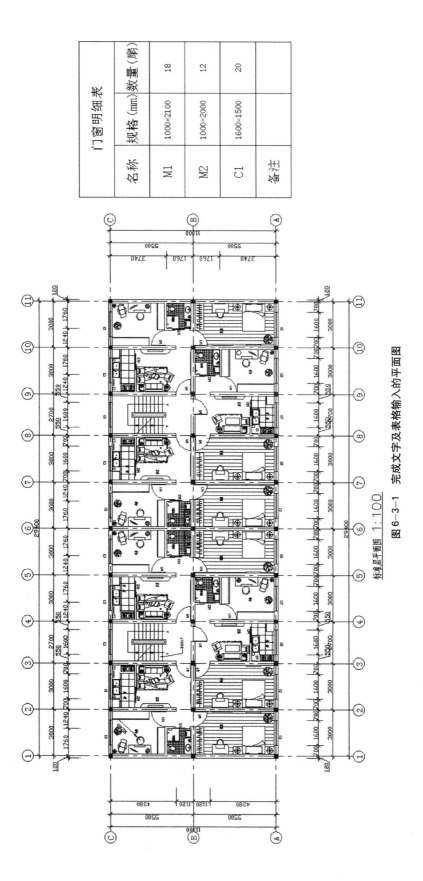

标准层平面图 1:100

图 6-3-1　完成文字及表格输入的平面图

课后任务练习

1.分别在已经绘制完成的图练习 1、练习 2、练习 3 中输入原图说明文字；

2.打开 AutoCAD 软件，将练习 5 文件命名为"练习表格 1"并保存，然后绘制如图练习 5 所示"×××装饰设计公司装饰材料明细单"表格。

×××装饰设计公司装饰材料明细单			
材料名称		材料用途	
采购地点及日期		采购人员签字	
采购数量		采购单价	
详　细　说　明			

练习 5　×××装饰设计公司装饰材料明细单

项目七 编辑整理所绘制平面图

项目目标：要求学生通过对本项目中各个任务的实际操作，了解并掌握 AutoCAD 绘制建筑装饰类图形的后期整理与排版流程，能够熟练的对所绘制完成的图形进行排版编辑与出图打印。

在建筑装饰平面图形绘制完成后，还需要我们对所绘制的图形内容进行整理，加入图框，调整版面，使平面图形做到整体准确、美观大方并能够顺利的打印出图。

7.1 任务1 绘制图框

图框是建筑装饰设计图中不可缺少的内容，它既可以装饰、限定图形使图面整洁美观，又可以表达图形种类和名称还有绘图内容。图框所属图层没有特殊要求，根据绘图情况自定。

（1）使用【矩形】和【表格】命令绘制如图 7-1-1 所示图框。大小根据所绘制平面图尺寸界定，原则上只要能将全部图形包括文字、表格等内容放置在图框内部即可，但不要过小或过大。

（2）根据图纸填写图框"说明栏"内容，如图 7-1-2 所示。

图 7-1-1 绘制图框

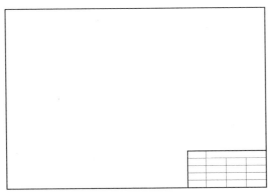

工程名称	北工5号公寓精装		
设 计	HuaNan	图 号	5
制 图	HuaNan	图纸内容	标准层平面
审 核	HuaNan	比 例	1:100
日 期	2011.10.1	备 注	

图 7-1-2 填写图框"说明栏"内容

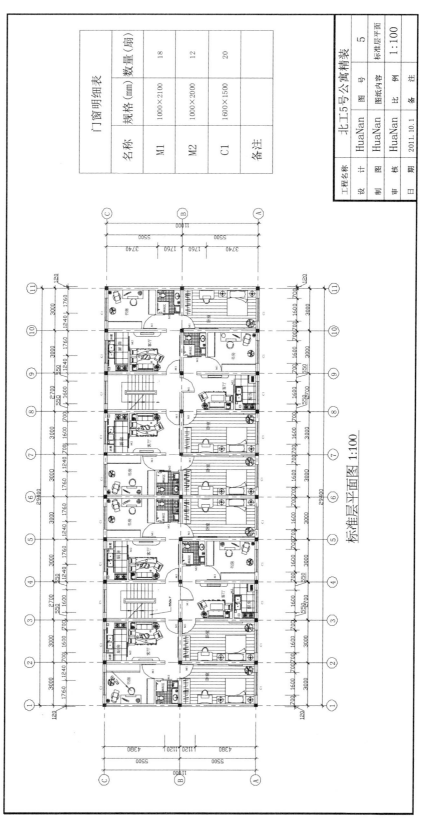

门窗明细表		
名称	规格 (mm)	数量 (扇)
M1	1000×2100	18
M2	1000×2000	12
C1	1600×1500	20
备注		

工程名称	北工5号公寓精装		
设 计	HuaNan	图 号	5
制 图	HuaNan	图纸内容	标准层平面
审 核	HuaNan	比 例	1:100
日 期	2011.10.1	备 注	

标准层平面图 1:100

图 7-1-3 将平面图放入图框

（3）将图形全部内容拖入图框，整理图框大小和图形版面，此时如图框大小不适合，如图 7-1-3 所示。可以通过【拉伸】命令调整图框大小。拉伸目标时应首先选择需拉伸的对象，再确定拉伸的基点和第二点，然后按照矢量的方向和大小将包含有定义点的对象向指定位置拖动。

①用户可以通过下列方式调用【拉伸】命令：

【修改】工具栏→【拉伸】按钮□；

【菜单栏】→【修改】→【拉伸】命令；

在命令行输入 stretch 命令（或快捷命令 s）回车。

②激活【拉伸】命令后选择需拉伸的对象，如图 7-1-4 所示，鼠标左键确认后回车结束选择；

③指定图框左上角端点为拉伸基点后向上方拖动鼠标进行拉伸，如图 7-1-5 所示。

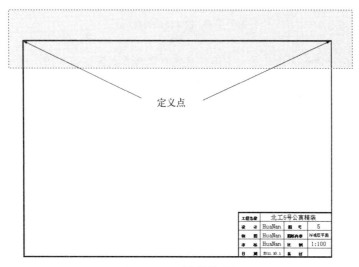

图 7-1-4　选择拉伸对象

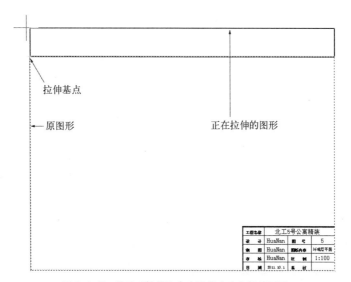

图 7-1-5　使用【拉伸】命令沿指定方向拉伸图形

④将图框拉伸至所选择位置后单击鼠标左键确认完成拉伸命令,拉伸后图框与原图框对比,如图7-1-6所示。

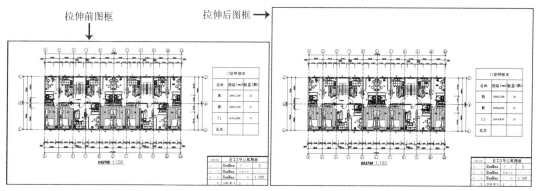

图 7-1-6 拉伸前后图框对比

注:A. 用户可以通过【设计中心】调用系统自带的各式图框,如图7-1-7所示。

B. 在图形基本绘制完成后,我们可通过【菜单栏】→【工具】→【查询】命令(或对象【特性】选项板)查询指定图形的【距离】、【周长】、【面积】等属性特征,这对我们快速确认所绘制室内平面的面积和周长等参数提供了便利(查询的前提是被查询图形需是封闭图形)。

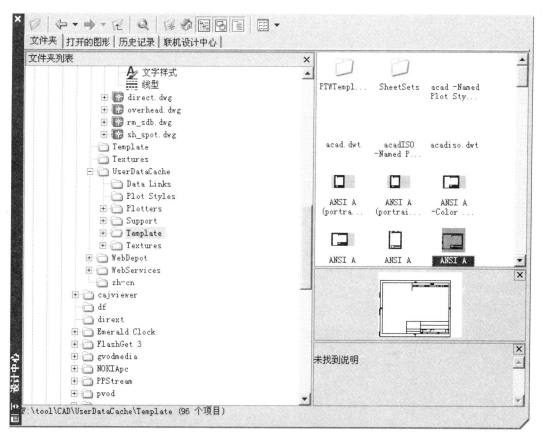

图 7-1-7 通过【设计中心】调用图框

C. 对个别不规则图形如需查询面积等属性，需首先使用【面域】命令将不规则图形创建为面域，然后进行查询。面域是用闭合的形状或环创建的二维区域。 闭合多段线、直线和曲线都是有效的选择对象。 曲线包括圆弧、圆、椭圆弧、椭圆和样条曲线。

用户启动【面域】命令的方式如下：

【绘图】工具栏 →【面域】按钮 ；

【菜单栏】→【绘图】→【面域】命令；

在命令行输入 region 命令 (或快捷命令 reg) 回车；

命令启动后用目标拾取框选择需进行面域处理的图形，如图 7-1-8 所示。然后单击右键确认，命令提示行显示"已创建 1 个面域"此时即可用【查询】命令方便地查询图形的各项参数了。

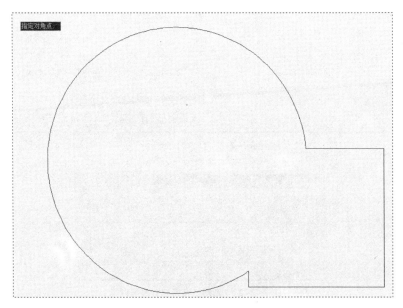

图 7-1-8　创建面域

7.2　任务2　预览、打印图形

AutoCAD 系统自带预览及打印功能，我们可以通过此功能预览所绘制平面图的打印效果正确与否，避免不必要的错误和浪费出现。

（1）用户通过以下方式启动【打印】命令：

【标准】工具栏 →【打印】按钮 ；

【菜单栏】→【文件】→【打印】命令；

在命令行输入 plot 命令回车；

按 Ctrl+P 键。

（2）启动【打印】命令后弹出【打印】对话框，如图 7-2-1 所示，在【页面设置】选项区将"名称"通过【添加页面设置】对话框设置为"平面图"，如图 7-2-2 所示。

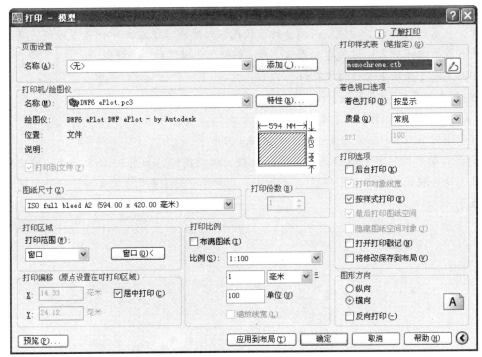

图 7-2-1 【打印】对话框

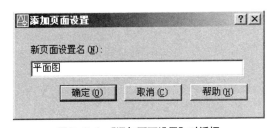

图 7-2-2 【添加页面设置】对话框

（3）通过"打印机/绘图仪"选项区的"名称"下拉式列表选择系统打印机，如计算机未连接打印机或绘图仪，则选择系统自带的虚拟打印机，如要将图形输出到文件，则勾选"打印到文件"复选框。

（4）在"图纸尺寸"下拉式列表中选择打印图纸的尺寸为 A2（594×420）幅面，在"打印份数"编辑框中输入数值 1 确认打印份数。

（5）在"打印区域"选项中选择"打印范围"的方式为"窗口"，如图 7-2-3 所示。

（6）在"打印偏移"选项区中勾选"居中打印"。

（7）在"打印比例"选项区中去掉【布满图纸】选项的勾选，设置"比例"数值为"1∶100"，如图 7-2-4 所示。

（8）在"打印样式表"选项区的下拉式菜单中选择"monochrome.ctb"选项如图 7-2-5 所示，以确保打印出的图线全部为黑色，符合工程图纸的要求；

（9）单击"打印区域"【窗口】按钮，使用鼠标确定图框左上方端点为第一角点，向右下方拖动鼠标指定图框右下方端点为对角点确定窗口打印范围，如图 7-2-6 所示。

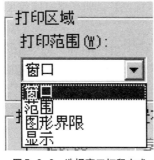

图 7-2-3 选择窗口打印方式

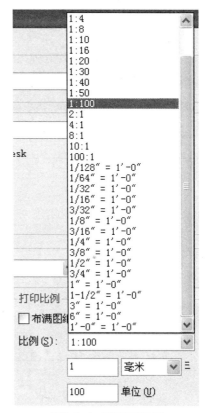

图 7-2-4 设置打印比例

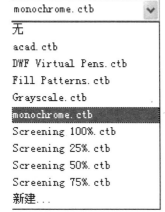

图 7-2-5 设置图线打印颜色

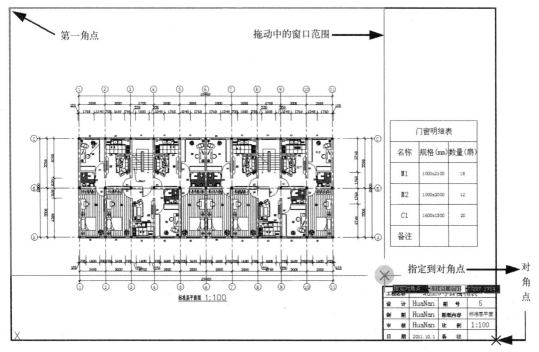

图 7-2-6 使用【窗口】按钮选择打印范围

（10）确定窗口范围后回到【打印】对话框，单击【预览】按钮预览打印效果，如图7-2-7所示。

（11）预览打印效果，单击鼠标右键在弹出的快捷菜单中选择"打印"或"退出"，如图7-2-8所示；如退出预览则回到【打印】对话框，单击对话框【确定】按钮也可执行打印任务。

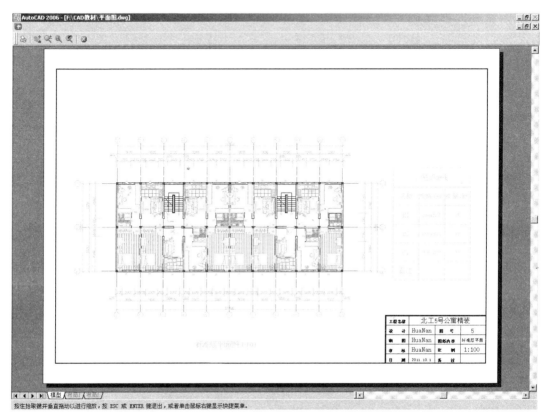

图7-2-7　预览打印效果

图7-2-8　图形打印／退出命令

课后任务练习

1.通过【设计中心】为已经绘制完成的图练习1、练习2、练习3调用不同形式的图框或使用【矩形】和【表格】命令绘制自制图框并进行调整编辑和排版；

2.对已经完成排版的图练习1、练习2、练习3进行打印预览设置，调整不同纸张幅面观察打印预览效果。

附件：教程整体任务练习

根据要求使用 AutoCAD 软件独立完成以下图形的绘制：

整体任务练习 1：绘制坐便器安装示意图

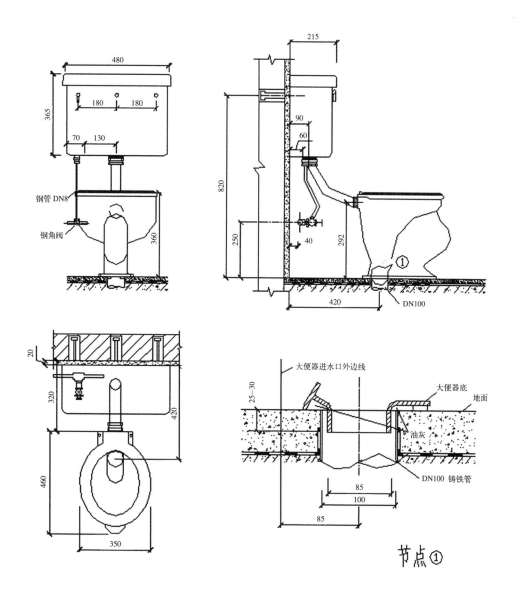

整体任务练习2：绘制管道安装图

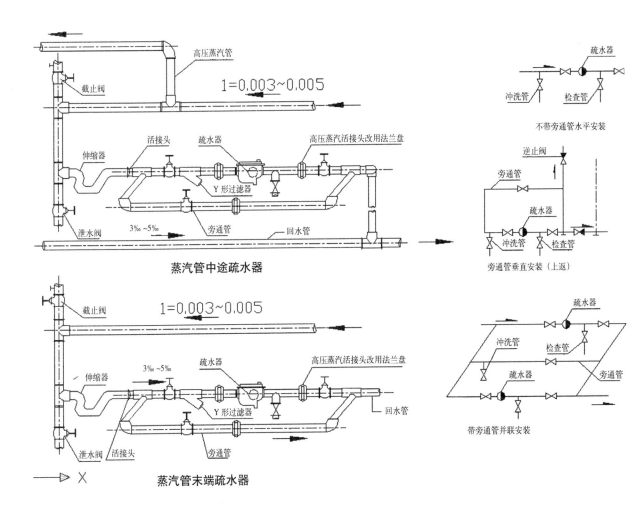

蒸汽管中途疏水器

蒸汽管末端疏水器

整体任务练习 3-1：绘制别墅底层平面图

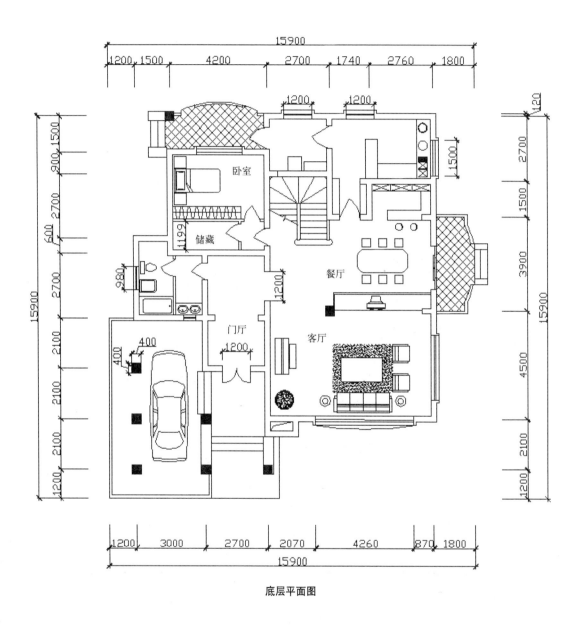

底层平面图

整体任务练习 3-2：绘制别墅二层平面图

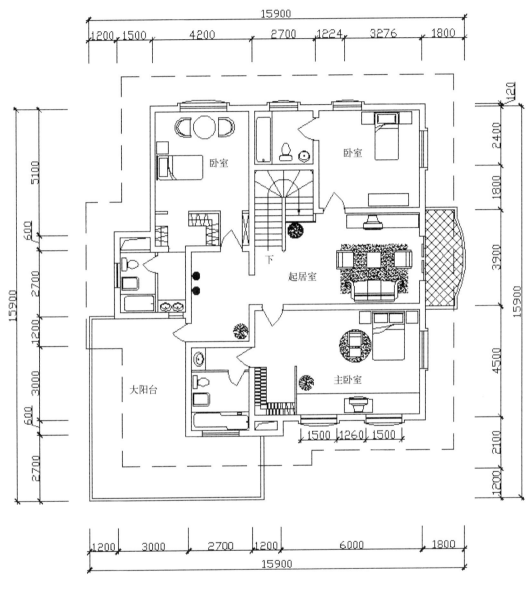

二层平面图

整体任务练习 3-3 : 绘制别墅屋顶平面图

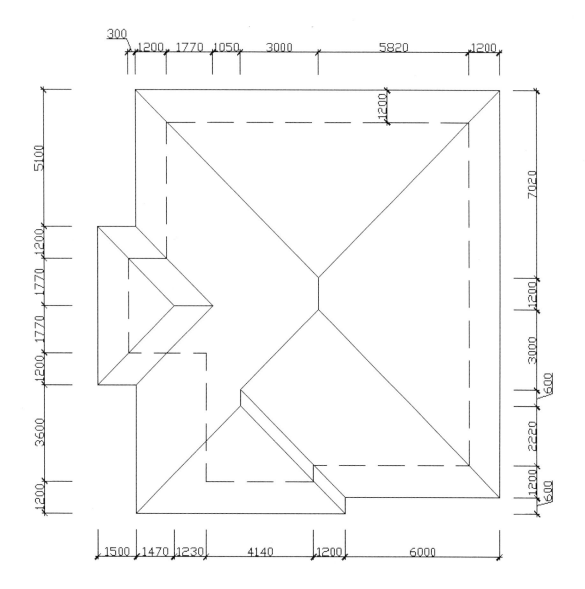

屋顶平面图

整体任务练习 3-4：绘制别墅南立面图

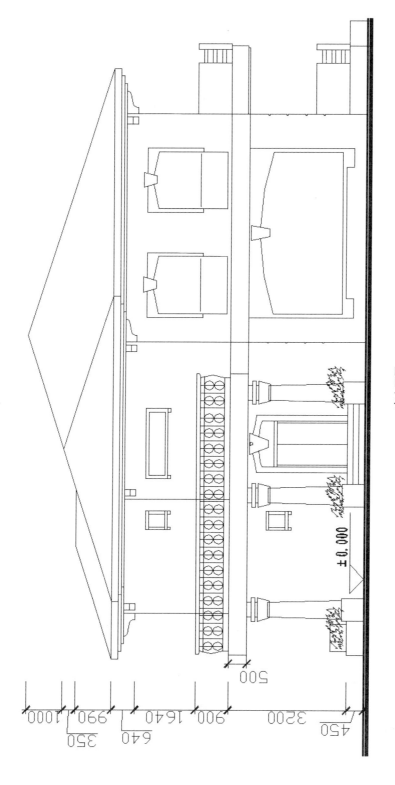

整体任务练习 3-5：绘制别墅西立面图

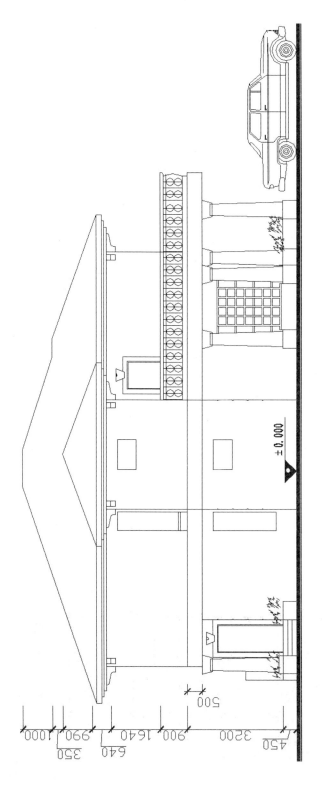

西立面图

整体任务练习4-1：绘制书记楼一层平面图

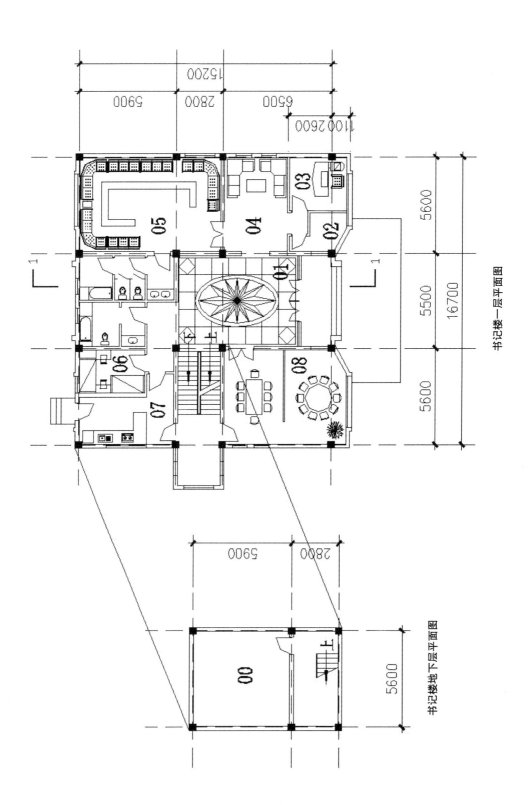

书记楼一层平面图

书记楼地下层平面图

整体任务练习4-2：绘制书记楼二层平面图

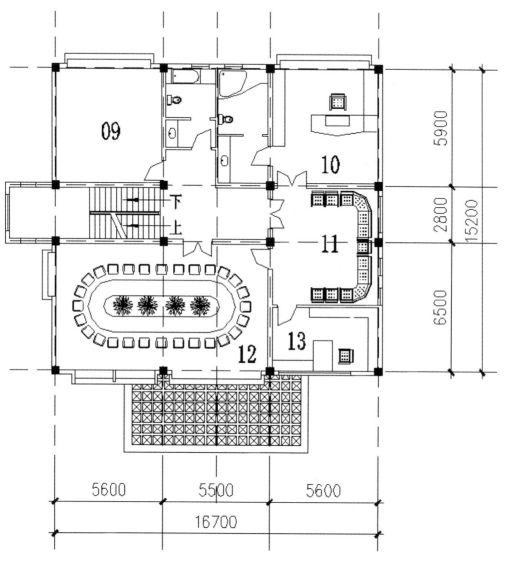

书记楼二层平面图

整体任务练习4-3：绘制书记楼三层平面图

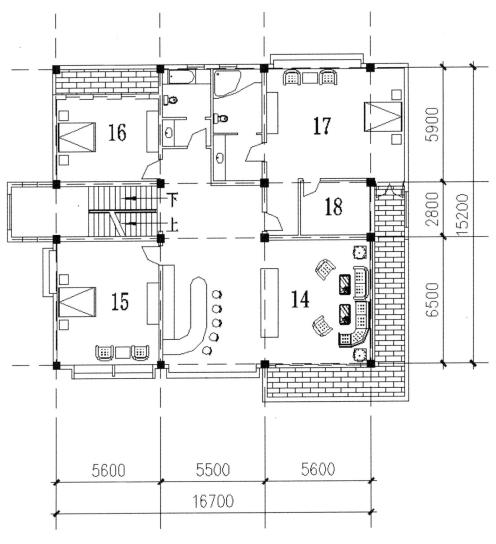

书记楼三层平面图

整体任务练习 4-4：绘制书记楼四层平面图

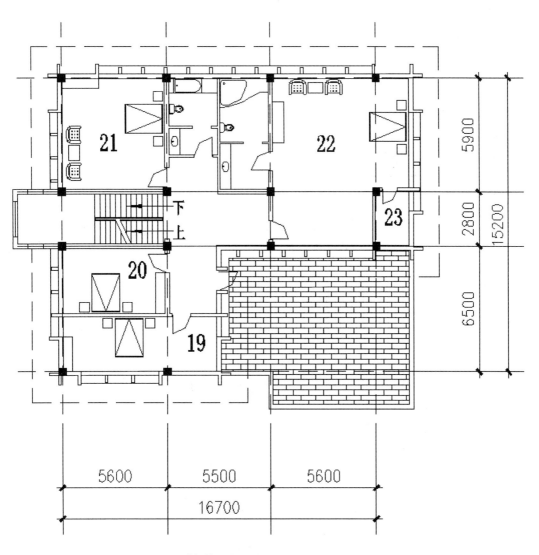

书记楼四层平面图

整体任务练习 4-5：绘制书记楼南立面图

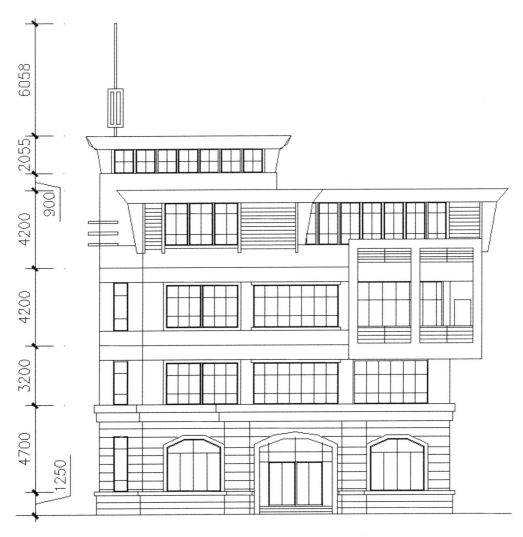

书记楼南立面图

整体任务练习 4-6：绘制书记楼东立面图

书记楼东立面图